不在意的勇气

著　者　［日］水岛广子

译　者　郭雅馨

青岛出版集团 | 青岛出版社

图书在版编目（CIP）数据

不在意的勇气 / （日）水岛广子著；郭雅馨译 . —
青岛：青岛出版社，2023.3
ISBN 978-7-5736-0659-4

Ⅰ . ①不… Ⅱ . ①水… ②郭… Ⅲ . ①人生哲学—通
俗读物 Ⅳ . ① B821-49

中国国家版本馆 CIP 数据核字 (2023) 第 004516 号

TSUI、"KINISHISUGI" TE SHIMAU HITO HE by Hiroko Mizushima
Copyright © Hiroko Mizushima, 2018
All rights reserved.
Original Japanese edition published by Mikasa−Shobo Publishers Co., Ltd.

Simplified Chinese translation copyright © 2023 by Qingdao Publishing House.
This Simplified Chinese edition published by arrangement with Mikasa−Shobo
Publishers Co., Ltd., Tokyo, through HonnoKizuna, Inc., Tokyo, and Shinwon
Agency Co. Beijing Representative Office, Beijing.

山东省版权局著作权合同登记号 图字：15-2022-63 号

BU ZAIYI DE YONGQI

书　　名	不在意的勇气
著　　者	［日］水岛广子
译　　者	郭雅馨
出版发行	青岛出版社（青岛市崂山区海尔路 182 号，266061）
本社网址	http://www.qdpub.com
邮购电话	0532-68068091
责任编辑	傅刚　E-mail：qdpubjk@163.com
封面设计	乔峰
配　　图	文来图往
内文排版	青岛新华印刷有限公司
印　　刷	青岛新华印刷有限公司
出版日期	2023 年 3 月第 1 版 2023 年 3 月第 1 次印刷
开　　本	32 开（890mm×1240mm）
印　　张	6
字　　数	100 千
书　　号	ISBN 978-7-5736-0659-4
定　　价	39.80 元

编校印装质量、盗版监督服务电话 4006532017 0532-68068050

前言

你是否存在这样的情况：

· 无论在工作、恋爱，还是在人际关系方面，你给周围人的感觉总是活力四射，但在你的内心深处，却特别"在意"别人对你的评价，感觉"很多事情放不下"。它们让你牵肠挂肚，时时刻刻处在郁闷或焦躁之中。

· 心中的不安挥之不去，总担心自己"被讨厌"，感觉"被这个世界抛下"。结果，因为太过焦虑而身心疲惫不堪。

· 有时会不由自主地感觉寂寞孤单或者忐忑恐惧，难以自控，甚至觉得自己的存在毫无意义。

…………

其实，在工作、学习与生活中，我们每个人都会受到郁闷、焦躁、不安等情绪的影响。

每个人都想让自己的每一天过得生机勃勃，轻松快乐，努力让自己积极正向地思考，但实际上很难如愿。

因为我们太容易在意成败得失，所以内心往往被负面情绪填塞，心灵的视野被压缩，让我们如井蛙望天。

如果你正一筹莫展，被负面情绪左右，不知该何去何从，那么打开这本书，或许你能从中找到适合自己的一贴良方。

只需掌握一些小技巧，我们就能随时随地找回自己那颗"强大而柔韧的心"。

因为在很多情况下，如果只是自己闷头去苦劝自己"不要去在意那些事了""请打起精神来"，结果往往适得其反。

本书的目的，就是帮助每个人都能掌握这些小技巧，从而营造出与别人迥然不同的丰盈的内心世界。

对我们每个人来说，最自然的状态就是"内心丰盈"，听从心的召唤，不要活在别人的眼光里。

或许有人会认为，这种事谈何容易。

但是作为精神科医生，我治疗过很多心理疾病患者，并见证了他们的康复过程。同时，通过各种各样的活动，我也接触到患者形形色色的内心世界。

因此我得出的结论是：每个人都是充满力量、坚强而柔韧的存在，每个人都可拥有"不在意"、"被讨厌"的勇气。

我衷心祝愿每位阅读本书的读者，都能与自己的情绪和解，活得更有活力、更有光彩。

水岛广子

第一章　努力活得更像自己

第二章 摆脱"过分在意"的简单方法

第三章 感觉"事事不顺"时

第四章　接纳"真实的自己"

第五章 "随便一点"又何妨

第六章　一切都刚刚好

【第一章】

努力活得更像自己

打造"不受情绪影响"的自己

先来判断一下，你是"容易在意"的人吗？或者说，你存在下述的情况呢？

• 经常在事后懊悔："当初为什么要那样做呢？"然后开始沮丧。

• 如果工作未能按照预期向前推进，就会忧心忡忡，或者焦躁不安。

• 很在意别人对自己的看法。

这些经历是否似曾相识？实际上，越是做事认真的人，越容易不自觉地把诸多琐事扛到自己肩上。

不过，请不必担心。

现在你只需要一颗"不在意"的心！

"我想从容淡定、心情舒畅地度过每一天！"

想要实现这一愿望，其实一点都不难。最好的方法就是控制好自己的情绪。

只要掌握了这个方法，即使遇到令人沮丧的事情也能很快振作起来。

但是，如果只是说"要向前看""积极地去思考吧"，却不知道具体该怎么做，那内心还是会有一种无力感。

在这里，我想告诉大家的是，"我们每个人原本就是充满力量、坚强而柔韧的存在"。

当然，人作为有生命的个体，体力是有极限的，所以需要适时地休整。一旦过度疲劳，就会对从事的事情感到力不从心。

但是，隐藏在我们内心的能量是无穷的。

这种能量本身不会被削减，任何时候都会存在。

所以，无论遇到什么事情，我们只要保持"蓄势待发、勇敢面对"的心态即可。

话虽如此，但内心还是会有疲惫的时候，让自己无论做什么事都无法从容应对，甚至会有一种被逼得走投无路的感觉。

这种时候，我们的心就会被"不安"的情绪所束缚，无法自由发挥原本的力量。其实，我们的心还是一如既往，处于强大而柔韧的状态，但是在焦躁、郁闷等负面情绪的封闭之下，根本难见天日。

于是，我们就会变得做事患得患失，瞻前顾后，无法自在地行动。

如果处理方法不当，焦躁、郁闷的负面情绪就会不断累积，最终让自己陷入恶性循环。

不过是一些微不足道的小事，却莫名地纠结于心头无法释怀，搞得自己一整天都闷闷不乐、焦躁不安……想必大家都有过这样的经历吧。

　　这种时候，如果逼着自己去想："这样对自己可不好，必须表现得开朗些！"其结果只会使自己更加难受。

　　如果接受自己"现在好像有点消沉"的现状——"原来是这个原因，让自己产生这种感觉的啊"，就能更自如、更有智慧地控制自己的情绪。

　　这种思维方式，能够帮助我们在任何情况下有效脱离窘境，让身心时刻保持淡定平和的状态。

人人都可以拥有"不在意"的心

当人被困于"对将来或未知的不安"中，就会产生焦躁或沮丧的情绪。

应该试着去思考，自己是不是受到了什么打击，才导致这样的情绪。例如：

- A君为增加公司的销售额做出了重大贡献。
- B君在工作和孩子培养方面都很成功。
- C君有在哈佛大学留学的经历。

这些别人身上的闪光点，就像一波波海浪，冲击着自己的心理防线。

任何人心理上受到打击的时候都会发生不同程度的慌乱，进而对"可能触痛自己的事"保持警惕。

这种警惕不仅针对周围的人，也针对自己。

特别是接收到"这个人做了什么了不起的事""这个人比自己更加努力"之类的信息，就很容易产生"相比之下，自己……"的念头，把目光转向自己的"短板"：

- 自己这样下去，真的好吗？
- 只有自己被抛在后面了。
- 自己一事无成，真的很糟糕。

一旦用放大镜来观察自己，就会发现身上存在很多"短板"。

为了掩饰自己的"短板"，就会想方设法让自己表现得完美。结果，对之前明明并不太在意的事开始在意起来。

要摆脱这种状态，其实很简单。

首先，接受"自己的不完美"。

接下来，不要去刻意压抑自己的情绪，而应该去关注心理上"受到打击"这一事实。

虽然事情已经发生，无法忽视它的存在，但接受心理上"受到打击"的事实，是正确应对的基本态度。

告诉自己：现在所出现的强烈不安或焦躁或沮丧等情绪，全都是因为心理上"受到打击"。

就像我们的脚趾不小心碰到了桌脚，虽然立马感到疼痛难忍，而且疼痛会持续一段时间，但是因为没有伤筋动骨，所以只能等待疼痛慢慢过去。

遇到这种事，我们通常不会在意，不会去深究"为什么痛成这样""我们的身体到底发生了什么事"，而是自然地接受"脚趾被碰到了，好痛啊"的疼痛反应。

我们知道这样的疼痛不久就会过去，所以虽然当下感到疼痛，但能够忍耐。

身体受到打击时如此，同理，当心理上受到打击时，自然也是如此。

过一阵子就好了。

　　只要接受"过分在意"是因为"听到关于别人的令自己羡慕的事，不自觉地拿自己和人家比较，想东想西，然后没了自信"而已，就会把它当作平常的反应，心理上所受的打击也会在不觉间慢慢过去。

　　只要理解，"啊，原来我只是受到了一次打击而已嘛"，心情就会平静下来，不再焦虑不安，之前一直令自己耿耿于怀的事情会逐渐淡忘。

　　另外，接收到关于别人的信息，也有可能让自己对过去的选择感到后悔。

　　例如，当听到朋友要去留学的消息时，心中懊悔："我当初为什么放弃留学的计划呢？"

　　这种时候就要学会还原"生活的原貌"，这一点很重要。

　　之前自己决定不去留学，应该是有充分理由的。现在只要逐一回忆当初的理由就可以了。

- 现在的工作岗位很适合我，不想失去。
- 即使去留学，前景也好不到哪里去。
- 为了留学节省开支，生活的质量就会下降。
- 一边学习一边打工，身体吃不消。

试着逐一回想自己放弃留学的理由，就能找回"自己的选择绝对没有错"的自信感。

不要总是"在意别人的选择"，努力过好"属于自己的人生"吧。

尽情享受"当下"的时光

当一个人失去"内心的从容",开始在意各种事情的时候,就说明他的视角已转向"过去"和"未来",完全偏离"当下"发生的事情。

比如,和恋人约会的时候,心里却惴惴不安:"会不会有一天我们分道扬镳?""对方会不会有一天变得讨厌自己?"

这就是将视角转向了"未来"。这个话题在后面我还会谈到。

人们容易对"未来的事物"保持警惕,感到不安,这是因为未来的事物存在着"不可预测性"。

以谈恋爱为例,有的人会为"将来是否能顺利交往下去"之类的"未知情况"忧心忡忡。

实际上，人心是会变的。在不同的人生阶段，人的情感诉求会发生改变。谈恋爱这种事，缘分是很重要的。

"恋人绝对不会跟我分手""恋人绝对不会讨厌自己"，怎么可能给自己打这样的保票呢?

一味聚焦于"未来"，带来的问题是，不仅造成内心纠结，还让人不能享受和珍惜"当下"的时光。

现在明明没有发生任何问题，正和恋人共度温馨难得的二人世界，内心里却一直在嘀咕"对方会不会提出分手""对方会不会讨厌自己"，这样做其实是在白白浪费"当下"的时光。

实际上，一味担心"未来"，为了所谓美好的"未来"而牺牲"当下"的，大有人在。

他们的思维模式是，为了"未来"的安心，放弃"当下"的幸福是值得的。

但是，牺牲"当下"，真的能换来安心的"未来"吗？

以前面的例子而言，和恋人在一起的时候，心里一直七上八下，担心对方"会不会跟自己分手""会不会讨厌自己"，持有这样的心态，能有助于两个人的亲密关系吗？

时刻提醒自己活在"当下"，才是最重要的。

真实的开心快乐，就在"当下"。

感受到对方的吸引和发自内心的爱，只在"当下"一瞬间。

双方真心期盼"想和这个人永远在一起"，也是发生在"当下"这一刻。

一味担忧"未来"，以致无法享受"当下"的人，根本谈不上有什么魅力。

嘴上说是"为了安心的未来"，但其实他们不明白，"未来"原本就不是孤立存在的。

"未来"在于"当下"的积累。

换言之，只有提高"当下"的品质，才能赢得高品质的"未来"。

如果总是口口声声"为了安心的未来"，却根本不珍惜"当下"的日子，天长日久，恐怕到老都还在忧虑"如何拥有安心的未来"，很可能连一天的快乐时光都没享受到。

就亲密关系而言，如果"当下"能感受到爱，那么"未来"对爱的体验就会更加深刻与纯粹，这样的爱才会稳固而久远。

相反，如果让"对未来的不安"占据了"当下"，就无法敞开心扉交流彼此的爱意，白白浪费两个人在一起的美好时光，甚至可能产生误会或猜疑，伤害到彼此。

另外，如果把关注点放在类似于"以前有过失败的经历，这次可能也不会顺利"这样的"过去"里，也会造成同样的问题。

请务必提醒自己，我们生活在"当下"。

这样一想，就会明白自己"当下"应该做什么，专注于自己该做的事情，自然就能从"过分在意"、"想得太多"的状态中解脱出来。

与接受"真实的你"的人交往

无论是工作，还是生活，在人际关系中要做到遇事"不在意"，有一个关键点，那就是以"真实的自己"为出发点。

我们难免会有"不完美的表现"，往往容易被消极的情绪所困扰。

在这种时候，如果我们与那些从来不指手画脚、说三道四，能接受自己"真实一面"的人相处，就会让我们变得安心。人一旦有了安全感，就会激发起"继续努力"的勇气。

这也是因为，我们内心原本的"柔韧"被释放出来了。

选择恋爱对象的时候，与其小心翼翼地看对方脸色、在意自己是否"被讨厌"，不如与接受自己"真实一面"的人建立亲密关系，这对人生之路是非常重要的。

从这个角度来思考，就会产生这样的想法："现在的恋人真的喜欢真实的我吗?"

这与之前的恋爱关系中，把注意力集中在对方"会不会跟自己分手""会不会讨厌自己"，将自己追求幸福的权利完全交给对方，是完全不同的思维方式。

一旦意识到"自己也有选择恋爱对象的权利"，心情就会轻松下来。

只在意是否"被对方讨厌"，就等于将自己变成"菜板上的鱼肉"。恋人是否接受"真实的你"，这才是最重要的。

如果将在意是否"被对方讨厌"这件事，转化成"即使这个人不适合自己，我也会找到更合适自己的人"，就容易控制自己的情绪。

喜欢真实的自己。

选择适合自己的人，不只适用于谈恋爱。

最近经常听到有人说，担心没有时时关注朋友的社群动态而被朋友冷落，但自己又实在没有兴趣和精力，为此感到不安。

在他们的视角里，朋友变成"主角"，自己反倒成了"配角"。

他们其实忽略了一个事实：自己才是人生的主角。因此，选择"值得共处的人"就足够了。

想要过什么样的生活，从来都是自己的事情、自己的选择。

当我们身处纷乱糟糕的环境时，确实应该给我们已经疲惫不堪的身心一个简洁美好的空间。

近年来，很多人开始崇尚"断舍离"的生活方式。"断舍离"倡导立足"当下"，把那些不必需、不合适、过时的东西统统断绝、舍弃，并切断对它们的眷恋，这样才能过上简单清爽的生活。

它主张先从观念上认识现状，停止自我否定，构想居所具体布局，然后通过对杂物的整理了解"当下"自己的真实需求，进一步构筑令自我愉悦的生活状态。如此能够让我们更加真实地感受到身边的一切，并更好地看清自己，认识自己，清楚自己想要的生活。

其实，在我们生活当中，要断舍离的不仅是身边的杂物，还有紧紧缠绕在每个人身上的，令我们备感压力和负担的东西。

无法摆脱的、不得不应付的人际关系，无意义的社会交往，不良的业余爱好等，把我们拖入被时间、精力、价值感困扰的泥潭。因此，对纷纷扰扰的人事，我们都需要进行"断舍离"。

简而言之，我们需要不断地把适合自己的东西留下来，把不适合的东西推出去。

再回到之前的话题。如果朋友因为你没有时时关注他而冷落你，就说明他的内心并没有接纳"真实的你"。这样的话，你大可不必在意失去这样的"朋友"。

人生苦短，希望"身边都是能让我们活出真实自我的人"，这样的想法有何不可呢？

在一起能够活出真实自我的人，都是彼此认可对方"真实"的人。无须装模作样，无须自吹自擂，只要保持自然状态，就会用"当下的状态就很好"这样温暖真诚的眼光看待彼此。

谁不想在这样的人的围绕中，度过坦坦荡荡的人生呢？

减轻心理负担的三种思维方法

工作，恋爱，社交……

在日常生活中，当你在意各种各样的事情，快要失去方寸的时候，请提醒自己试着采取下列的思维方法。

• 我只是心理上受到点打击而已。
• 我的视角应该放在"当下"。
• 实事求是，量力而行，先把自己能控制的事情做好吧。

这样去思考的话，原本一直让自己牵肠挂肚的"琐事"就会慢慢大事化小，小事化了。

从下一章开始，本书将更具体地讲解减轻心理负担的方法。只要加以实践，你的内心就能随时随地保持平和，闪耀着属于自己的光芒！

【第二章】

摆脱『过分在意』的简单方法

善于运用"不安传感器"

对于那些"遇事过分在意"的人来说，最感困扰的就是"不安"。

人一旦感到不安，就会采取各种行动，试图从不安中解脱出来。

比如，依附在别人身上，希望对方伸出援手，或者为了暂时的逃避，沉溺于不健康的生活方式。

也有可能陷入某种执念，认为"只要能够拥有××就可以安心了"，这样一来，思维就会被束缚，人生的视野也会变得狭窄。

此外，有人因为"害怕失败"而心里打鼓，丧失了创新挑战的勇气，整日里闷闷不乐。

因此，如果能有效地控制自己的不安情绪，那么，无论去哪里，做什么事，就能心情自在，视野开阔，更有决断力，每一天都充满自信。

接下来就向诸位说明一下，采用什么样的思维方式才能成为"不过分在意"的人，既不会因偶尔的不安而过分在意，也不会陷入动辄不安的怪圈里。

人为什么会"不安"呢？

"不安"乍一看是一种消极的情绪，但实际上"很有用"。

所谓的消极情绪，除了不安之外，还有愤怒、沮丧、嫉妒、悲伤等等。每个人都希望这些令人不快的情绪远离自己，或在发泄之后烟消云散。

其实，这些情绪的存在对我们来说，也有一定的保护作用。

举例来说，当你摸到滚烫的东西时会说"烫"，然后做出本能的保护性反应。如果没有"烫"的感觉就容易被烫伤。同样，如果受伤的时候感觉不到"痛"，导致处理不及时，就可能危及生命。

"烫"或者"痛"，都是让人不舒服的感觉，没有人愿意主动感受，但如果我们真的感受不到的话……

这样一想，就能明白"烫"或者"痛"之类的感觉对于保护我们是多么的重要。

人的情绪，同样如此。

情绪其实就是内心的感受。

身体的感觉告诉我们"自己的身体受到了何种影响"，而情绪告诉我们"自己的内心受到了何种影响"。

不安的情绪是在提醒我们：目前"安全没有得到保证"。

黑夜走山路的时候，如果内心没有感到丝毫不安，和朋友边走边聊，悠然自得，就很有可能一不小心跌落山谷。只有内心感觉不安，才会小心翼翼，一步一步摸索前进，有时还会做出"危险太大，停止前进"的决断。

与人接触时也是如此。对初次见面的人不了解，在潜意识里会产生"不安全感"，相处时就会谨言慎行。对于不太了解的人，我们往往不会一下子敞开心扉。

不安的情绪，有时可以大大降低我们遇到危险的概率。当然，每种情绪各具存在的意义，我在后面将会叙述。

总之，当我们开始意识到自己出现了负面情绪，或者已经困于负面情绪时，不要先去否定它，而要仔细了解"到底发生了什么事"，然后追根溯源，做出妥善的处置。

这与感觉"烫"就缩手，感觉"痛"就挪开危险物品避免再接触的道理是一样的。

当我们感到不安时，只需告诉自己"当下缺乏安全感哦"，然后去应对就可以了。

由此说来，"不安"并不只是一种令人讨厌的感受，还是一种保护我们的传感器。

不在意、不纠结的方法

人类普遍对"未知"的事物感到不安，因为在未知的事物中，存在着让我们感到"缺乏安全感"的部分。

不过，根据事情的性质，可以把"未知"变成"已知"，进而消除自己心中的不安。

例如："之前对他说过那样的话，会不会被认为多管闲事？"如果为此而纠结不安，无论如何都很在意的话，可以直接去问对方。

对方可能会说："幸亏您提醒，事情总算顺利解决了。"你就会释然："原来对方根本就没有那么想。"一直纠结于心的烦恼，也就一下子烟消云散了。

这种情况，就是把"未知"（不知对方如何看待）

变成了"已知"（对方并不认为你多管闲事）。

单从字面来讲，"未知"含有"未为人知"之意。

对于自己不太了解的事情，左思右想，感到不安是正常的。只要理解这一点，就能从诸多不安中解脱出来。

我们只要过着正常的生活，就无法避开"未知的事物"，自然会碰到所谓"无论如何都放不下"的事情，产生无法避免的不安。

比如，我们进入新环境时会感到不安，这是作为生物个体自然的心理反应，因为此刻那里充满着"未知"。

当然，我们事先可以做一些调查，或者寻求他人的意见，这样可能有助于减轻不安，但即便如此，也仍然无法做到"万事有备无患"。

因为无论怎么做，都还是会有我们"不了解的部分"。

这个时候，能否抱持"此刻感到不安很正常"这样的心态，决定了自己能否掌控情绪。

因为，当我们越想彻底消除不安的时候，类似"万一怎样怎样的话该怎么办"的担忧反而会不断浮现，没完没了。

对不了解的事情的担忧，是我们无法回避的。

而且，一旦有了"万一怎样怎样的话该怎么办"的念头，就会产生"结果会是那样吧"的推测，情不自禁地一门心思往坏处想，最终整个人都被淹没在不安的情绪里。

但是，如果能事先理解"存在某种程度的不安是正常的"，遇到问题自然就不会放在心上，"啊，又是那回事"，心里会轻松许多。

摘掉"不安的眼镜"

　　大家都有过这样的经历吧：在做重要发言的前一天，因为担心"发挥不好"而忧心忡忡，甚至彻夜难眠。

　　这种时候，脑海里会不断翻腾："要是发挥不好的话，很丢人！""别人会认可我的发言吗？"心事变得越来越重。

　　毕竟第二天的发言效果究竟如何，还是个"未知数"，所以对此感到不安是很正常的。

　　但是，如果对这种"正常的不安"不能正确面对，就无法控制自己的情绪，陷入更大的不安全感中，自信心也受到打击。

　　这样一来，看待周围的事物就会不自觉地戴上"一切都令人担忧"的"不安的眼镜"，总是能找到"可能存在不安全的地方"，然后陷入忧虑："万一这样的话该怎么办呢?"

谁都不知道未来会发生什么,所以只要把思考的专注点放在未来,就难免感到不安。也可以说,"思考未来的事情"和"感到不安"存在着无法斩断的联系,如果深陷其中就无法摆脱。

- 假如失败的话……
- 假如别人评价不高的话……

这样强迫自己,会让本来想挑战新事物的自己背负沉重的压力,无法前行。

"未来"和"不安"如影随形,思考再多的"假如",也无法得到安全感。这一点请谨记。

因此,在自己陷入"假如失败的话""假如别人评价不高的话"这些消极的思考模式之前,要及时提醒自己。

一旦理解"适度的不安是正常的",就会明白每一次的胡思乱想,每一次的焦虑不安,其实都是在不

摘掉"不安的眼镜"吧。

必要地消耗能量。

如此就有勇气摘下"不安的眼镜",积极地迈出前进的步伐。

当摘下"不安的眼镜",回首审视自己,就会看到一个"压力重重、心怀不安的自己"。

"总是顾及他人的想法,自己真的好累啊!"

这样一来,就会对自己心生怜悯,把思路从"别人会怎么看我"转到"该怎样善待自己"。

比如,在发言前一天因太过紧张而彻夜难眠的时候,你不再这样苛责自己:"如果睡眠不足导致明天的发言效果不佳,该怎么办?!"

而是试着温情地安抚忧心难眠的自己:"与在意别人的认可相比,脚踏实地长成更好的自己才是最重要的。"

这就意味着,你摘下了"不安的眼镜"。

掌控"心的方向",自如收放"情绪"

当内心的不安不断加剧的时候,我们的视野一定被"某一点"遮挡住了。

比如,一心只关注"发言能否成功",内心就仿佛变成一座"制造不安的工厂",派生出无数个诸如"要是发挥不佳该怎么办"之类的烦恼。

因为,表面上关注的是"发言能否成功",其实更深层次的包括:

- 我已经很努力了,但结果才是最重要的。
- 这关系到上司对自己的评价。
- 我只能独自承担这一切。

这些问题,环环相扣,逼迫自己钻入牛角尖。这种时候,就需要我们转变视角,才能让自己从牛角尖里挣脱出来。

把自己当成一个旁观者。

这样，我们就将视线从"失败了我该怎么办"这样的主观角度，切换到"已经做好了一定程度的准备，看看能取得多大成果吧"这样的客观视角。

这种"种豆得豆，种瓜得瓜"或者说"一分耕耘，一分收获"的思维方式，和"只许成功，不许失败"的激励机制是完全不同的。

一次发言能否成功，是由很多因素决定的。即使做了充分的准备，也有可能出现预想不到的事情，而导致功亏一篑。

即使想到"万一如何"而心生不安，也能换个角度去思考：

• 如果真是那样，又会怎样呢？
• 那就实际来看看，是不是真的会发生某某情况吧。

　　而且，能够理解即使这次准备不足，也可以吸取经验，"下次大显身手吧"。

　　像这样，把自己当成一个旁观者来观察自己所处的状况，心情自然就会大大放松。

　　内心的成长总会伴有阵痛，很多人老是觉得"自己很努力了，为什么总卡在某个地方"……

　　当局者迷，旁观者清。如果暂时做一个旁观者，就会领悟到，无论事情成败与否，得到的结果对今后的自己都是有益的。

　　这样，就很容易把自己从不安的情绪中解脱出来。

　　在上述思维方式的基础上，如果把视野再放大一点，自己的内心就会更加安定。

　　你可能会恍然大悟："啊，原来自己为了学习这些东西吃了不少苦啊。"就会发现"那个时期其实自己成长了许多"。

放大视野，就不容易被眼前的小事所左右。

当然，发言想得到"好评价"是人之常情，但这个所谓的"好评价"不过是自己小视野中的"最佳结果"。

从更广阔的视野来看，真正的"最佳结果"或许另有所在。比如，锻炼了口才、积累了经验、拓展了人脉、开拓了思路、发现了机会……

如果抱定"只许成功不许失败"的狭隘心思，就会产生强烈的不安全感。

如果能从宏观放眼，就会相信"车到山前必有路"，从而轻装上阵。

中国有句话："谋事在人，成事在天。"尽最大的努力去做，自己无能为力的就顺其自然吧。这对于尽快放下"担心失败"的包袱，会有意想不到的效果。

比如，有些人因创业失败而被迫转行，结果"柳暗花明又一村"，反而找到了属于自己的一片天地。而且，在患难中结识的助自己一臂之力的朋友，成为一生的财富。

站在旁观者的角度，会让你放弃诸如"自己能做好吗"此类的忧虑。

在众目睽睽之下展示自己，或参加面试等重要的场合，紧张是在所难免的：

• 自己能做好吗？
• 别人会如何看待自己？

如此，把目光紧盯着"自己"，就会身不由己地寻找"不足之处"，结果紧张感就会越来越强烈。

这就如同，如果我们一旦把"完美"当成目标，就会源源不断地发现"不足之处"，增添忧虑。

　　而从旁观者的角度，我们就会容易接受"人的存在既然不是尽善尽美的，那么无数人生课题的答案也不可能完美无缺"。

　　因此，如果从一开始我们就考虑到会有"不足之处"，自然就能放下"完美主义"。

　　此外，从旁观者的角度，也可以把现场发言或者参加面试，作为一次"人际关系互动"。

　　因为，只要有交流的"对象"，就会产生人际关系。这些现场就成为人与人交际与沟通的地方。

　　例如，在进行一对一的对话时，我们往往会考虑对方的立场。表达意思的时候会想："这样的说法对方能接受吗？""对方能明白我的看法吗？"这样就会尽可能地想办法把话说得简明易懂。

　　大家可以想象一下自己和小孩子对话时的场景，就会更容易理解这一点。

在那种情况下，我们很少会在意"这个孩子会如何看待自己"，反而会想："这么小的孩子，怎么说才能让他明白呢？"

作主题发言或工作报告的运作机制，和人际关系的沟通机制有相通之处。

"这样的说法对方能理解吗？""对方能跟得上我讲话的思路吗？"把专注点放在对方身上，就不会再纠结"对方会如何看待自己"。

如此一来，不仅不会因为紧张而感到焦虑不安，还会和对方产生互信感。

从"人际关系互动"的角度看待事情，即使遭遇不顺，也能保持内心的柔韧，随机应变，让自己的情绪反应富有弹性。

如果只想着"失败了，别人就会觉得我不行"，脑子里就只剩下了"自己"。

但是，如果把它看作人际关系互动，相信对方能理解自己"紧张的心情"，就能笑着坦诚地告诉对方，"因为自己实在太紧张了"。

这样做的结果，反而会让现场的气氛缓和下来，也会让对方对你高看一眼，觉得你是"化解尴尬的高人"。

所以，从人际关系互动的角度出发，自己在作重要发言的前一天晚上，就应该学会这样思考："别担心，大家都是过来人，即使明天没有充分发挥出应有的水平，相信他们也能理解。"

转念：“下次一定能做得很好！”

前面已经说过，“完美主义”与不安有着密切的关系。

越是认真的人，越习惯于“追求完美”。

但是，常言道，人无完人。人不是机器，不完美是很正常的。

不论是谁，都或多或少受到与生俱来的个人特质的影响，被后天不同的条件因素限制或左右。

可以说，每个人就是在这些局限中寻找适合自己的人生之路。

因此，在人生的命题上，“完美”这个选项本来就是不现实的。

如果把"完美"这种不可能实现的目标当成目标，就会永远都在寻找自己"不完美"的地方，并且无止境地纠结于"如果那样该怎么办呢？"。

"追求完美"，是一种不断"挑剔自己"的态度，也是一种经常用怀疑的眼光审视自己"是否优秀"的态度。

这样就容易让自己陷入"一味自责"的模式，纠结于"一定是自己不好"，却忘记了思考"自己哪些地方需要改进""我该如何进步"，这样反而阻碍我们活出真我。

其实，做自己，成为自己，才是我们今生最重要的事。在为任何人负责之前，先为自己负责。

"追求完美"，从某种意义上讲，也是对"梦想"过度追求的体现。梦想肯定是要有的，但要脚踏实地，一步一个脚印去完成。

因此，如果转变意识，不去"追求完美"，而是转为"尽可能地去努力"，压力就会大大减少，也会让自己变得更加从容。

"到现在为止真的很努力了，下次一定能做得很好！"

用这种温和的眼光看待自己，让自己的心适时地保持在平静之中吧。

觉得自己被全世界抛下时

很多人都遇到过这样的情况吧。

当得知朋友跳槽或自主创业时，自己不由得思忖：
"自己现在这样的状态好吗？"或者，朋友们都结婚
了，觉得"自己被这个世界抛下了"。

又或者参加自我启发座谈会，听到"如果不抓紧
时间考取各种资格认证，以后就落伍了！""一定要积
极拓展人脉才行！"这样的建议，心里就会焦虑起来：
"自己一事无成，真是没用啊。"

就像这样，我们会受到周围情况的影响，产生强
烈的不安。

前面说过，未来究竟会怎样，无论怎么想都未必
有准确的答案，所以每个人都会对未来抱有某种程度

的不安。这是很正常的。

但是，这种不安和"某个时刻感到特别强烈的不安"，在性质上是完全不同的。

"某个时刻感到特别强烈的不安"有一种先入为主的急迫感，让你觉得"自己这样下去可不行""不振作起来就活不下去"。

一旦被这种不安所束缚，就会陷入仿佛永远找不到出口的恐慌状态之中。

然后就会消减生活的激情，觉得"再怎么努力也没有意义"，有的人甚至会丧失生存的欲望。

结果呢，可能让自己做出日后追悔莫及的事来，如冲动地辞掉工作、和不真心喜欢的人结婚、花费时间去考自己原本毫无兴趣的资格认证……

因此，对于这种类型的不安，我们有必要给予关注，正确应对。

不要刻意解决"不安"本身

当我们自信心突然受到打击，对未来感到强烈不安时，首先要做的是找到"受打击"的原因。

"我将来能找到意中人过上幸福的生活吗？"这种不安感增强的时候，可能是因为翻阅杂志时看到了关于某个人的幸福婚姻生活的访谈，给自己留下了深刻的印象。

"我未来的人生真的有保障吗？"当一个人突然对自己未来的生活担忧时，可能是因为听到谁生了一场大病陷入生活的困境。

找到原因："啊，原来是这样！"心情就会平静下来。然后冷静地思考，做出理智的分析。

比如，可以向"独身却过着幸福生活的人"学习，或许能看到人生诸多的可能性。这样，就不会在意"能否找到意中人过上幸福的生活"，而是把视角切换到"无论结婚与否，都要幸福平安地生活"。

如此，视野就会变得开阔，自然放下心中的不安，让我们面对外部的影响时，依然保持自己的节奏。

或许有人会说："为了自己未来的生活，考虑一下自己的婚姻、职业规划，不是很有意义吗？！"

思考自己想过怎样的生活，想做什么事情，当然是很有意义的。

但重要的是，我们不必在意别人的看法。舍掉"我什么都可以做"的全能感，在自己认为最好的时机做最重要的事，就可以了。

对工作而言，当能量一点一点积累到"差不多该进入下一个阶段了"，意味着自己的工作能力已在不知不觉中得到了提升。

对于恋爱而言，就是努力和恋人建立美好亲密的关系，顺其自然地发展下去，直到有一天结出爱的果实。

如果人生的每个发展阶段都像这样具有连续性，即使发生偏离，也能马上调整到原来的方向。即使遇到挫折，也不会因为不知道何去何从而陷入孤立无援的困境。

在快乐安稳地度过每一天的过程中，一点点地扩展自己人生的可能性，这才是获得幸福感的秘诀。

将目光放在"当下"能做的事

"不安"这种情绪，原本很重要的一个作用，就是提醒我们未雨绸缪，做好规划，努力积累让自己安心的资源。

例如，担心"将来会发生大地震"。这种不安可以通过"做好现实的准备"，得到一定程度的缓解。

而为了防范地震，我们个人所能做的，无非是事先固定家具，购置防灾用品，掌握应急求生知识等。除此之外，可能就超乎个人能力了。因为作为普通人，我们无法准确地预测地震何时发生，也就无法真正地做到万全准备。

"当下"，才是我们"最能发挥能力"的时候。

在现实中，杞人忧天的事情会发生在很多人的身上。有人认为，应常怀忧患意识，避免乐极生悲。

有些人，很小就生活在只要一开心就被家人告诫"别得意忘形，小心乐极生悲"的环境中。"凡事悠着点儿好"，成为他们处事的一种准则。

"凡事不提前谋划，难免失败"的念头，会让他们在心里埋下不安的种子。这样的结果就是头脑中无时无刻不在绷紧弦，唯恐出现不好的结果。

但实际上，总是去担心还没有发生的事情，并不会对结果产生本质的影响。

就拿防震这件事来说吧，地震并不会因为我们日夜担心就不发生了。

过度担心并不能改变事情的结果。

只有当我们把注意力专注于"当下"的时候，才能最大程度地发挥自己的潜在力量。

　　我想，每个人都曾有过因专注于某件事，以至于忘记了时间流逝的经历吧。

　　这种时候，我们心中完全没有感到任何不安，也不会去想多余的事情，只是全身心地专注于眼前的事情。

　　在这种状态下，我们往往能够发挥自身最大的潜能，自然容易产生理想的结果。

　　如果过于担心未来的结果，就无法专注于"当下"的事务，精力会分散，从而消耗太多的能量，自然难以得到预期的结果。

　　正如我之前提到的，"当下"是心情愉快、充满自信地度过每一天的重要关键词。

　　如果你对未来感到不安，就把注意力集中于"当下"吧。

　　活在"当下"，做好现实的准备就足够了。

当公司下达"销售额要达到×××万元以上""业绩评分要达到××分以上"等指标时，难免会感到"压力山大"。

对此，最好的建议是"不要想太多，放松心态就好"。

可是，为完成指标而感到巨大压力的人，大多是做事认真的人，都想尽可能地达成目标。

对他们说"放松一下""不要在意，适当就好"，对方很可能不会接受，或者不知该如何应对。

这种时候，活在"当下"的思维模式会对其有所帮助。

专注"当下"，轻装上阵吧！

因为工作指标而感到压力，是太过着眼于"未来的结果"："如果业绩不理想该怎么办呢？"就这样，让不安占据了"当下"的生活。

　　这其实是一种"过于在意未来而无法集中精力"的状态。

　　这样一来，专注力会相应地下降，完成指标的难度自然就变大了。

　　当一个人总是担心"所有的环节千万不要出问题啊""如果进展不顺利该如何是好"，人们通常会认为这个人"做事一丝不苟""对工作很尽心"。但实际上，他完全可能由于太在意"未来的结果"而忽视了"当下"的工作。

　　先不去管指标如何，抱着"先把眼前的事情做好"的心态去努力，反而可能有意想不到的收获。

　　是否能完成指标，只有做了才知道。但只要努力做好"当下"的事，至少能获得宝贵的经验。

　　而且，在努力的过程中，你的态度和能力会得到认可。

如果即使这样，仍不能被公司认可的话，那么，就像我之前提到的那样，试着用"大视野"去思考。

也就是，不要只关注"自己没能完成指标"这一点，而是去思考：

• 这个指标符合实际吗？能提升我的工作能力吗？

• 通过这次任务，我发现自己比较适合慢工出细活的工作。下次如果碰到此类工作，我一定能更好地发挥自己的能力。

这样一来，就能看到之前没有注意到的东西，也会让你觉得："人生到了该向前迈进的时候了。"

"化整为零"，改变看问题的角度

当一个人被委以重任的时候，难免会有"踌躇满志却心中忐忑"的困扰。

如果感觉就要被压力压倒的时候，可以试着运用下面这个诀窍：

将问题"化整为零"。

前面说过，通过"大视野"可以减轻自己的焦虑，那么，把问题"化整为零"，听起来似乎与前者有些矛盾。

但实际上并非如此。

无论哪一种思维方式，在摆脱"压力束缚"而获得自由的作用上都是一样的。

　　一方面，如前所述，如果我们的眼光只关注于某一点的成败得失，就会觉得问题越来越大，心中的焦虑也会越来越强烈。这个时候，其实只要拓宽视野，给问题一个"没什么大不了"的定位，就能让我们冷静下来，从容淡定地对问题进行重新审视。

　　另一方面，我们其实是被要做的事情的"庞大"压垮了。

　　也可以说是因为对问题过于在意，而产生了过度的防备心。

　　只要仔细想想就会明白，无论多么大规模的工作，归根结底都是小工作的集合体。当然，制订整体的计划是必要的，但分解来看，每一项都是独立的小工作。

　　因此，与其说工作本身令人望而却步，不如说自己被工作的规模和必须成功的压力压倒了。

　　为了明确"该从哪里着手"工作，就有必要审视

把看似大的问题"细分"的话……

全部的工作流程。但是，当我们陷入不安时，无法拥有开阔的视野。

此刻，我们看到的只是一些诸如"这个必须完成""那个也必须完成"的细枝末节。其实，冷静地想一想，这些看似杂乱无章的细枝末节环环相扣，只要打通一个环节，整个问题就可能迎刃而解。

重要的是"从哪里着手"。

将问题细分的方法之一，就是把首要完成的任务写下来。

也就是试着把为了达成大目标必须要做的事情写下来，然后从其中最容易着手的环节开始行动。

这就如同，当我们想要翻越一座从未攀登过的山，开始的时候，我们不可能知道走哪条路是最轻松的。

所以只能先选择"当下"最容易攀登的路，然后慢慢去寻找更适合自己的路。

　　如果总待在山脚下冥思苦想"怎么办"，就不可能有机会发现更好的路径。

　　当我们学会"将问题化整为零"，其实也就将目光从"未来的结果"转移到"当下"。

　　• 我真的能做到吗？
　　• 怎么做才好呢？

　　我们的这些担心，都是因为把目光投向了"未来的结果"。

　　而能够释放我们柔韧内心的关键词：就是"当下"。关注"当下"能做的事，才是最重要的。

　　不管是书面整理出来的应该做的事，还是头脑中已有规划的事，总之先集中精力做好"当下"能做的事吧。

　　这样一来，你就能找回在面对"未来的结果"时迷失的自我力量，也能鼓起工作的勇气。

另外，我们在考虑从何处着手时，可以适当借助他人的力量。

如果一个人兀自在脑海里不停地思考，烦恼或不安就会不断膨胀，但如果和别人一起讨论，同时适时地进行梳理，就会觉得那些烦恼或不安其实都是"正常的"。

即使没有从别人那里得到解决方法也没关系。很多时候，在交流谈话的过程中，问题就可能自然得到梳理，从而找到解决的路径。

因此，必须慎重选择交谈的对象。

和一个情绪稳定的人谈话，会让人心平气和。他能理解你："一下子担当如此重任，多少都会有点令人手足无措。"也能安慰你："用自己习惯的老办法就可以啊。现在做得就很好。"

- 这件事怎么还没有解决好呢？
- 那件事本就应该尽早进行的。

像这样的谈话会让自己更加不安，对此类人敬而远之比较好。

适当地"放下"会变得更从容

很多人即使了解了专注于"当下"的重要性，但还是不免对"未来"感到不安。

• 如果失去了心爱的恋人该怎么办？
• 如果最要好的朋友有一天离自己而去该怎么办？

毕竟，与已成为自己心灵支柱的人分离，是一件非常痛苦的事。

这种类型的不安，特别容易让人无法专注于重要的"当下"。

为了不让"当下"被这种不安所取代，适当地放下会让人变得更从容。

　　比如，有人总是担心失去心爱的恋人，但其实在了解了恋人的方方面面之后，可能发现"和这样的人在一起未必幸福"。

　　你诚心诚意地与之交往，如果最后对方还是选择离开，这就说明对方感受不到你付出的努力，并不是真正适合你的人。

　　所以，现在想来非常可怕的事情，对于"未来的结果"而言毫无意义。

　　每一个人在失去重要的人、事、物时，必定要经历一个"悲伤的过程"。

　　但是，即使感觉自己从此会一蹶不振，也一定尚存克服痛苦的能力，因为在潜意识里还会相信，有适合自己的新的"未来"在等着自己。

　　因此，与其总是害怕"未来"失去什么，不如放下不安，在"当下"积累幸福的能量，让内心变得更丰盈。

　　再回到前面讲到的问题，如果恋人真的是适合自己的人，那么通过不断积累幸福的能量，两人之间的关系会变得更加牢固。

　　另外，现在关系很好的朋友，有一天也可能会离开自己。原因除了发生观念上的分歧之外，如果分居两地日久，也会自然而然地让彼此间产生距离。

　　所谓"亲密感"，大多是由双方的感情投入和物理距离决定的。

　　比如，你现在和某人关系亲密，或许是因为双方距离很近，又可以随时见面的关系。

　　不管此前建立了多么深厚的关系，如果彼此分居两地，各自生活，久而久之，两人之间也会慢慢拉开距离。

　　虽然听起来备感孤寂，但事实上这是很自然的。

因此，只要认真度过每一个"当下"的时光，就一定会适时出现新的心灵支柱。

而一度因距离而生疏的朋友，也可能因为环境的变化再次亲密起来。

像这样站在更高的位置上去看待各种变化，对于恋人和朋友的关系，就会增加更大的安全感。

在意别人对自己的看法时

　　在人际关系中，很容易让自己在意的事情之一，就是"别人如何看待自己"。

　　一旦开始在意"别人如何看待自己"，事情就会变得没完没了。因为"别人心里到底想什么"，就算我们绞尽脑汁也是找不到答案的。

　　即使别人现在对自己有好感，也不能保证将来没有变化。

　　经常会有这样的事情发生：以为"被对方忽视或讨厌了"，其实他只是因为在你面前太过紧张而显得不自然而已。

　　有的人对别人的态度非常在意，有的人却不怎么在意，这是为什么呢？

　　这是因为对待"别人如何看待自己"的态度因人而异，有些人觉得很重要，有些人则不以为然。

　　比如，有些人只有在得到别人的赞许后才觉得自己有价值。一旦无法得知"别人如何看待自己"，就无法确认"自身的价值"，因而感到不安。

　　对于在意被别人否定的人来说，"别人如何看待自己"更是直接影响其心理状态。

　　而有的人就不太在意，认为"别人如何看待自己"是自己无法掌控的——

　　说到底，那只是别人的感受。

　　人往往以自己的价值观来定义事物。

　　就像婴儿习惯将抓到手的东西放到嘴里舔一舔、咬一咬，这其实是探索和认识事物的一种方式，一种正常的认知过程，也是人类自我保护意识的觉醒。

同样，如果一个人觉得"这个人不值得信任"，从而与其保持距离，这是出于自身安全做出的保护性反应，也是很正常的。

重要的是，我们每个人的"思考模式"和"感受方式"不一样。

每个人与生俱来的性格不同，成长环境不同，当下的生活状况不同，因此即使对待同样的事物，每个人的想法和感受也不一样。

自己认为是好的事情，别人却未必这样认为，反之亦然。

"别人如何想"，从本质上讲，只代表了"他在那个时间点看待事物的方式"，没有其他更复杂的意义。

但是，如果我们自己把一切"复杂化"，或者认为对方强迫自己接受其想法，问题就产生了。

之所以本来简单的事情变得复杂，是因为我们陷入了"以对方的评价来判断自身价值"的思维模式中。

比如，当我们穿得和平时不太一样的时候，就会在意"别人的眼光"。这是因为，在潜意识里我们认为自己的着装品位取决于别人的评价。

实际上，我们无法知晓别人内心真正的评价，也不确定别人是否注意到自己的穿着与以往不同。

穿的和平时不太一样，理由只有自己知道。

理由可能是，"想尝试一下新的着装风格"，或者，"这样穿着更适合今天要做的事情"。

如此简单。

其实，在意别人的评价，很可能是以往积累下来的"微创伤"造成的。

医学上所说的心理创伤，简单来说，是指人遭遇致命的危险或打击后留下的心理后遗症。

实际上，即使没有严重到性命攸关的程度，我们在日常生活中有时也会有心理受到伤害的体验。

这种由他人造成的不至于危及生命的心理伤害，我称之为"微创伤"。

他人的批评、消极评价、人格否定等，都是造成"微创伤"的因素。

我们一旦心理上出现了这样的"微创伤"，为了避免再次受到别人的攻击，就会非常在意别人的目光。

这就是"微创伤"后遗症。

比如，在与人见面的瞬间被对方说"感觉你和平时不同"，那本是对方对"你和平时不同"这一事实的自然反应而已。

但如果通过你的"微创伤"眼镜去看，就可能认为对方是在批评你："今天的着装好奇怪！""为什么要穿成这样呢？！"

我们需要治愈自己的"微创伤"，让内心变得柔韧强大。这可能需要一些时间。

但每个人都具备自我疗愈的能力。

因此，从现在开始，如果你想挑战一种新的时尚，而且是自己真正喜欢的，那就让自己成为你最强大的支持者吧。

不要管别人对此怎么想，那只是他的感受。世界上没有绝对的评价标准。

事物变化带给人们的违和感，不过是人们对变化感到不习惯而已，也可以说是对"与平时不同"感到不适应，并不代表对变化本身的评价。

而且，对于种种变化人们迟早会习惯，所谓的违和感也会烟消云散。

所以，如果你听到别人说"感觉你今天和平时不一样啊"，只要如下回答就可以了：

- 我想挑战一下新的形象。
- 我想转换一下心情。

三言两语轻松应对过去。也许有人会赞美说"感觉挺不错"。

关停脑内 "小剧场"

每次只要发生什么事，就会往不好的方向想，这是许多人都想摒弃的 "坏习惯"。

恋人的电话打不通的时候，或者对方迟迟不回短信的时候，就会很在意，担心 "是不是被对方讨厌了"。这就是一种典型的 "坏习惯"。

明明还不知道实际情况，脑内的 "小剧场" 却开始上演 "自己可能已被讨厌了" 的可怜故事。

因为这类人天天戴着 "自己容易被讨厌" 的 "微创伤" 眼镜。

虽然实际情况不过是 "对方电话不在身边" 或者 "因为开会不方便回短信" 而已，但如果戴着 "微创伤" 眼镜去看，就会产生 "可能被对方讨厌了" 的感觉。

　　同样的情况下，如果戴着"自己是被爱的"粉色眼镜，很可能就会想，"可能有什么事不方便接电话"或者"每次都回复得这么慢，真的好懒"，总之认为"一定有什么原因（与自己无关）"。

　　"自己容易被讨厌"的负面认知，可能源于从小经历的学校与家庭环境，抑或是人际交往中的心理"微创伤"造成的。

　　现在马上摘掉"微创伤"眼镜可能很难，但只要意识到自己戴着"容易被讨厌"的"微创伤"眼镜，状况就会大大改善。

　　当自己陷入"可能被讨厌了"的负面想象中时，"真的被讨厌了"的证据就会一个接一个地浮现出来：

- 这么说来，上次也是……
- 之前，我还说了那样的话……
- 是不是自己的电话和短信太多，让对方感到好麻烦……

如此就会越发不安。这种时候，只要提醒自己"我正戴着'自己容易被讨厌'的眼镜哦"，就会避免陷入负面思考的恶性循环。

冷静下来之后，请告诉自己："即使有可能被对方讨厌了，也先别急着下结论，等下次见面时看看情况再说。"

除了"自己容易被讨厌"的眼镜，"自我否定"的眼镜也是很多人常戴的"微创伤"眼镜。

"自我否定"的眼镜，会让自己认为"反正我做什么都会失败"，是阻碍自我提升的最大障碍。

每次要挑战新事情，如果带着"自我否定"的眼镜，就会不断地陷入"要是××的话可怎么办"的焦虑之中，导致自己始终无法迈出新的一步。

换位思考，摘掉"微创伤"眼镜。

比如，你听到好友说，给恋人打了N遍电话都没有接，发了短信也没回，会马上断定"他一定是被对方讨厌了"吗？我想你不会贸然下这种结论吧。

而且，你可能还会给他举出"种种可能性"："一定
是碰巧她正在忙吧。""我记得你说过她是个慢性子呢。"

又如，面对踌躇满志，正要挑战新事物的朋友，
你会对他说"反正早晚都要失败"之类的话吗？

正常情况下，你一定会说出一些鼓励的话："加
油啊，我支持你！""我相信你一定能做到！""不要
有顾虑，如果有什么困难，可以找我商量。"

像这样，明明对别人能进行正面的安慰与鼓励，
自己却陷入"被讨厌"或"自我否定"的泥潭中不能
自拔，这正是自己戴着"微创伤"眼镜的缘故。

自己无法积极地正面思考时，请换位思考，客观地
写下当别人处于与自己相同的处境时可能对他说的话。

如此一来，你就会看到之前戴着"微创伤"眼镜
时绝对看不到的宽广世界。

消除"不安"的简单练习

有的人遇事胡思乱想，不能自控，这是让他们心中产生"不安"的主要原因。

只要有一件事让自己感到不安，与之相关的其他忧虑就会相继浮现，引发不安的连锁反应。

比如，有的人刚离开家，就开始担心"门锁上了吗？窗户关上了吗？"，不得不回去确认，甚至要反复多次才行。也有的人每次在参加重要的会议前都表现得十分焦虑，一次又一次地确认会议的时间和地点。

为了避免出现问题，事前认真确认，这本来是个好习惯。

但是，如果过度担心的话，就有可能陷入无论确认多少次都无法安心的境地。

为了避免出现这种状况，就要练习如何控制不安情绪。

这有助于避免陷入"确认强迫症"。

这个练习就是试着"接受某种程度的不安"，从而"学会自己控制不安"。

这两者之间看似有些矛盾，但实际上并非如此。

说得简单一点，这个练习就是将头脑中"基本设置"失常的"不安传感器"调整到正常的状态。

当感知不安的传感器基本设置失常了，即使是"一点小事"也会被放大成"严重事件"。本来可以安心的事情也会变得令人不安，还会任由大脑凭空想象出"各种不安"。

这样一来，原本已经失常的基本设置就会愈加紊乱。

因此，我们要做的就是将传感器的基本设置恢复到正常的状态。这就是我前面说的——

试着"接受某种程度的不安"：人无完人，偶尔疏忽是很正常的事情。

有一些事情，当我们最初面对它们的时候，可能会令自己不安。其实只要试着忍耐一下，就会发现结果并非像预想的那样可怕。

而且，有些不安完全可以通过一次确认来消除。

比如，对待离家后担心门锁未关产生的不安，最简单的做法是，"只确认一次门锁是否关上"，之后不管多么不安都要忍耐。回到家的时候，当证实"门确实锁好了"，就会产生"果然没问题"的心理认知。

通过积累这样的经验，让我们的潜意识不再对类似的事情产生强烈的不安反应，就会逐渐"学会控制不安"。

有的人之所以陷入"确认强迫症"的泥沼无法自拔，通常是因为曾经不小心出现过失误。

这在某种意义上，类似于前面曾经提到过的"对心理打击产生的反应"。在原本以为完全没有问题的事情上栽了跟头，使心理受到了打击，就会产生"再不要犯这种错误"的想法，从而对一些简单的问题想得过于复杂，不安感特别强烈，不管做什么总是觉得自己"是不是做得不够好"。

针对这种情况，就要勇于承认出现的失误以及由此产生的对心理上的打击，"接受某种程度的不安"。然后通过前面提到的"确认一次"的方法，逐渐学会控制不安的情绪。

即使人生经历中没有出现过特别的失误，有的人也会因为感冒、疲劳等身心不适，出现"确认强迫症"。

这种时候，就应该重视"自己至今为止还没有过失误"的事实，试着吃一颗"定心丸"。

　　不安，是一种"对当下与未来抱有不确定性"而引发的情绪。

　　只要仔细想想，发现自己之前的人生还算平安顺利，就会增加自信："到现在为止，我做得都很不错！"

　　这样一来，原本摇摆不定的心就有了着落。

　　这种思考方式，对于没有时间"确认一次"时，也很有用。

　　我们可能都有这样的经历：虽然很在意门是否锁上，但已没有时间回去确认，所以只能直接去公司或学校。然后就以不安的心情度过回家之前的这段时间。

　　其实这种时候，只要相信至今为止还算顺利的自己，就会让自己从"这次没问题吧？"之类的关注中解脱出来，避免内心产生不安。

　　这也是之前讲到的拥有"大视野"减轻不安的一个例子。

用身体去感受"当下"

当我们被不安的情绪所困扰时，就会在脑海中不停地翻滚"过去"和"未来"的诸多问题。

"一旦……，该怎么办"，这是基于"过去的经验"对"未来的结果"产生的担忧。

由于我们真正能切身感受的只有"当下"，所以当我们感到不安时，下意识地会认为这是对当下的状况感到不安。

但实际的情况是，"一旦……，该怎么办"等未来的问题不断浮现在我们的脑海中，由此引发了不安，而并非对眼前的事情即"当下的状况"感到不安。

因此，只要我们关注"当下"，就有能力控制自己的情绪不被"过去的经验"和"未来的结果"所左右。

让我们摆脱"过去"与"未来"的羁绊，专注于"当下"的秘诀之一，就是"用身体去感受当下"。

身体是我们坚强忠诚的伙伴。最佳的方法，就是运动。

运动可以把我们从强烈的情绪束缚中解脱出来。

可以慢跑、健步行、练瑜伽、做伸展操等，在运动的过程中，我们的关注点会集中在"出汗了，呼吸也加快了""肌肉在拉伸，身体在放松""有点累，不过好兴奋啊"等"当下"的感觉。

心中的杂念减少了，情绪自然就会变得平静，

呼吸新鲜空气、品尝美食、采用精油香薰等，都是"用身体去感受当下"的方法。

此外，用身体关注"当下"的一个有效方法，是

调整好我们的"呼吸"。

为什么这样说呢？因为呼吸与人的情绪息息相关。人一紧张，就会喘不上气来；工作进展不顺时，就会叹气。有意识地将呼吸调整好，有助于情绪的管理。例如，情绪紧张的时候，通过集中意念调整呼吸，可以逐步缓解紧张情绪。

呼吸应该感觉"馨香"。每天都坚持"馨香"呼吸的话，身心一定会变得生机勃勃。那么如何实现"馨香"呼吸呢？

简单说来，就是采取由鼻吸气、由鼻呼气的"冥想"式呼吸法。

刚开始练习时，坐姿可以随便。重要的是挺直背部，以确保呼吸的通道顺畅。

首先，为了集中意念呼吸，一定要将视线固定在一个点上，如鼻尖下方。想象将丹田向脊柱靠近一些，使腹部凹陷，保持此状态。

　　然后，由鼻子进行吸气，直至感觉气息充满肺部为止。如果吸气时数4下，接下来从鼻子呼气时也同样数4下。要注意呼吸均匀，尽量不要让腹部鼓起。为了有意识地呼吸，可将手放在腹部。

　　就这样，从现在开始让我们练习均匀地吸气和呼气吧！通过充分的呼吸，营造与自己面对面的时间。

【第三章】

感觉『事事不顺』时

善待"陷入窘境"的自己

"焦躁"是一种令人难熬的情绪。

一旦人开始焦躁，就会"看什么都不顺眼""觉得事事不顺"，甚至可能迁怒于周围的无辜，陷入自我厌弃之中……最后，可能导致可悲的结果。

而根源，在于"无法自控"。

明明心里"根本不想这么做"，却无法控制自己的行为。这时，便陷入了自责的情绪之中。

在前文里，我曾经说过，所有的情绪都有其存在的意义，而"焦躁"又代表什么呢？

"焦躁"往往被视为"缺乏忍耐力""做事不成

熟"，但这不过是来自别人的评价。

它的真正含义是，"自己目前已经陷入窘境"。

每个人在"事情发展不如意"的时候，就容易陷入困惑的境地，流露出焦躁的情绪是正常的。

因此，问题的关键在于，如何对待"陷入窘境"的自己。

只要充分认识到自己之所以如此焦躁，是因为"已经陷入窘境"之中，自己的心情就会平静很多。

我们都不想成为一个为一点琐事就焦躁的人，这样的自己并非心目中"通情达理的自己"。

- 为什么连这么一点小事都放心不下呢？
- 怎么这么不成熟呢？
- 自己的心胸是不是太狭隘了？

因此，常常陷入自责失落之中。

一旦带有这种情绪，自认为"事与愿违"的事情就会越来越多，要想调整心情就变得越来越难。

在这个时候，要首先认识到自己"已经陷入窘境"。即使内心讨厌焦躁不安的自己，也应该去善待陷入窘境的自己。

这样，就能帮助自己迈出调整心情的第一步。对此持有疑问的人，可以看看接下来的例子。

对自己道一声"辛苦了"

举个例子，早上打算早些去公司，把昨天写完的提案再完善一下。好不容易提前出门，结果公交车却迟迟不来，最后不得不挤在满员的公交车里……

像这种情况，预定计划被打乱的时候，心情就容易变得焦躁。

这是因为"计划被打乱"，让我们陷入窘境。

对于这类"事与愿违"的事，其实我们个人是无能为力的。这是不得不接受的现实。就像公交车因路上车辆拥堵发生误点，是我们凭自己的力量无法改变的。

这时，我们能做的就是"不要与现实抗争"。

• 为什么会发生这种事？

●这样是不对的！

无论你是否愿意承认，这都是 无法抗拒的现实。

如果将之想象成我们与现实"拔河"，就容易理解了。我们再怎么用力拉绳，逼问现实"为什么会发生这种事"，现实也不会有半点动摇。

而内心"拔河"状态下的进退挣扎，会让自己变得愈发焦躁。与无法改变的现实抗争，会让负能量累积到自己无法控制的地步。

所以，要学会安慰自己。

现实既然无法改变，那么需要改变的是"自己的心"。

努力去接纳陷入窘境的自己，告诉自己："都已经这么困苦不堪了，就不要再为难自己了。"

既然已经发生了意想不到的事情，就要学会接受

辛苦了!

"无法如愿"的事实。

在这种情况下，如果再不断注入焦躁的负能量，心理的伤害就会越来越大。

自己已经吃了这么多的苦头，实在没有必要再去折磨自己了。

因此，首先要做的，就是停止去问"为什么"。

先让自己接受现实。然后，采用下列方式努力去安慰自己就好了。

• 虽然自己好可怜，但既然事已至此，就自认倒霉吧。

• 待会儿，找个平常舍不得去吃的美食餐厅，痛痛快快打打牙祭吧！

当然，"事与愿违"的状况，也并不都是由突如其来的事情造成的。

比方说，我们都有过这样的经历：早上出门前为穿什么衣服而举棋不定，穿什么都觉得不对劲，这也算是"事与愿违"的一种状况。

这时的"愿望"，就是找到自己心仪的服装搭配，让今天有个美好的开始。

结果，偏偏"事与愿违"。这个时候，自己其实已经心烦意乱。

要赶着出门，已经没有时间了，偏偏又举棋不定，内心慌乱，这样就更难做出决定，于是掉入情绪焦躁的窘境之中。

对于这种情况，最好的解决方式，就是"接受自己的不完美"。

因为，当人在陷入窘境的时候，只有放下心灵的负担，才能冷静理智地看待自己。

这时，选择平时最习惯的服装搭配，就会让焦灼的内心安静下来。

　　平常可以准备几套"常规搭配"，以备不时之需，这样可以避免自己在时间紧张时出现手忙脚乱的情况，让自己神清气爽地出门。

　　只要不断累积这种"原来自己也有能力应对突发状况"的自信，就能增强自己控制情绪的能力。

如何应对身边的"麻烦制造者"

承认自己陷入了窘境，也就是承认自己"受到了伤害"，对控制自己的情绪是大有益处的。

"遇到这么糟糕的事，心烦意乱是正常的。"通过正视自己的情绪，可以将伤害降到最低。

但是，如果让自己一直处于"被害者"角色中，就会不断让自己受到伤害，迟迟不能走出困境。

这样一来，焦躁情绪就会一直持续下去，反复强化"自己正身处被焦躁情绪包围的困境之中"。

"这种事以前遇到过！""怎么又碰到这种事！"不如意的事情越来越多，就会产生"为什么偏偏总是我发生这种事"的负面情绪，进而变得焦躁，"被害者"意识不断强化。

可以说，"焦躁"的程度与"被害者"意识的强度成正比。

例如，开会的时候，上司讲起话来滔滔不绝，而且翻来覆去讲同样的事情。在这种情况下，你自然会产生这样的情绪："净是些老生常谈，絮絮叨叨，没完没了，真是浪费时间。"

如果进一步想："这个人为什么老是这样呢？"那么，在这种想法支配下，只要主管不改变，自己就不得不继续扮演"被害者"的角色。

如此一来，自然就会变得焦躁。

因为主管个人的举动，却让自己处于焦躁之中，想想就觉得郁闷。

我们无法"改变别人"。

"这个人为什么老是这样呢？"尽管自己没有意识到，但其实其中隐含着"希望主管改变"的期待。

这可能就会让我们产生错觉，觉得自己能够改变别人。

希望大家务必了解的是，"改变别人几乎是不可能的"。

当然，在某种情势下人是可以改变的，但这取决于本人的意愿和时机。只有做好了改变的准备，人才会改变。

例如，当上司又开始滔滔不绝地讲话时，你实在不想忍受，就半开玩笑地说："您又把我们当小孩子了，不用担心，我们都记住啦。"或许他的态度会有所改善。

不过，如果对方真的如你所愿做出改变，那也未必是你"改变了对方"，而只不过是让对方意识到"应该做出改变了"。

可能这位上司其实很在意自己的讲话方式，因此只要提醒他，他随时都能做出改变。

实际上，并非所有的人都能做到。

特别是，讲话喜欢重复同样内容的人。这类人或者比较自信，讲起话来总觉得意犹未尽，总想着锦上添花；或者平时做大小事都喜欢谋划，瞻前顾后，考虑问题过于缜密，讲话也担心自己的意思对方是否清楚。

其实这类人性格上都有自恋的倾向。在潜意识里，他们认为对方理所应当接受自己的观点，所以就会不断地强调。

因此如果你想用半开玩笑的方式去改变对方，对方可能就会埋怨你"不懂他的良苦用心"。

一般来说，当一个人还没有做好要改变的思想准备时，面对外来的求变诉求会产生抗拒心理。

就像上面提到的那位没有意识到自己说话方式有问题的上司，如果他根本就不想改变，那么你的提醒说不定会让他变得更加执拗。

这样一来，你不仅没能改变他，反而可能会使自己受到更大的伤害。

你永远无法叫醒一个装睡的人。同样，我们不要试图去改变一个没有做好改变准备的人。

如果无法通过与上司的温和对话改善事态，那么我们要做的就是如何让自己过得更好。

人生宝贵，你希望自己随时都处于焦躁的情绪之中，还是巧妙应对，使自己心情愉悦地度过每一天？

这样一想，你的关注点就从期待上司做出改变，转移到如何调整自己的人生态度与生活方式上。

从这个角度去处理焦躁的情绪，很多人首先想到的是"忍耐"。其实，这是最糟糕的选项。

上司喋喋不休，自己已经忍了很久，如果还要忍耐，那么不仅不能摆脱"被害者"角色，反而会使自己的"被害者"意识加倍增强。

逼着自己忍耐，焦躁的情绪只会加重。

要想从根本上消除焦躁，就必须放弃"被害者"角色。

最有效的方法就是去试着理解"对方的难处"：一个人总是给别人造成困扰，一定是他本身出了状况。

世界上除了那位唠唠叨叨的上司，还有各种各样的"麻烦制造者"。

像是，明明是自己跑来征求意见，却根本听不进去别人的建议、刚愎自用的人。

或是，嘴上总是挂着"好啊"，实际上却口蜜腹剑，被称作"笑面虎"的人。

又或是，朝令夕改，做事变来变去，喜欢节外生枝，让别人无所适从、疲于奔命的人。

还有，得到别人的恩惠却毫不领情，反而恩将仇报的人。

再还有，整天高高在上，动辄张口教训人，骄傲自大，总喜欢说人家"这也不行，那也不行"的人。

在你的人生经历中，如果不巧有这样的"不通人情"的人和你共事，一定会常常令你焦躁又火大吧。

前面说过，"焦躁"是提醒我们"自己目前已经陷入窘境"的一种情绪。当我们遇到这样的人时，即使对方没有直接针对自己，自己可能也会感到焦躁不安，这是为什么呢？

这是因为对方让我们产生了"为什么会这样""为什么要那样说话"的困惑。

也就是说，我们心目中"做人应有的样子"，和现实的状况出现了偏差。

这种情况也属于"事与愿违"，由此让自己产生困惑。

但是，如果思考一下对方为什么会变成这样，就会发现其中有各种各样的原因。

我在前面也提到过，世界上的人千差万别，每个人成长的经历、现在所处的环境和生活状态都各不相同。

比如，由于成长的经历不同，有的人可能比较自卑，掩饰过度又会变得很自负。

有的人长期处于竞争激烈的环境或不如意的生活状态，对他人的帮助会认为理所应当，不知感恩。

有的人可能权力欲或表现欲比较强，又或者在成长经历中有过被人歧视的遭遇，认为"人与人之间的关系非赢即输"，如果不能时时居于人上，就会觉得自己失去了价值，从而感到不安。

　　得到他人的帮助却不懂得感恩，单从个案来讲，施助方可能会觉得这个人只是"不懂礼貌"而已。

　　但是，如果这种情况一而再、再而三地发生的话，这个人就会被很多人讨厌，也不可能与他人建立真正的信赖关系。

　　其实，上面讲到的这些人大多都无法与他人保持良好的关系，也因此会出现各种各样不顺心的情况，甚至感觉自己活得"很痛苦"。

　　面对这样的人，你完全没必要认领"被害者"角色。

　　否则的话，只要那个人不改变，自己受到的伤害就不会结束。一想到这儿，一定会绝望吧。

　　但只要理解"他们可能自身出了问题"，自己不巧遇到了这么一个"不通人情"或者"心理出了状况"的人，自己就不会陷入"被害者"角色。这在下一节会再讲述。

脱离 "被害者" 角色

上文我提到过，在那种情况下只要把对方当作 "不通人情" 的人来看待，焦躁感就会大大减轻。

这是因为我们有控制 "自我意识" 的能力，或者说，我们能控制自己的行为和反应。

陷入 "被害者" 角色的人是没有这种 "自控力" 的，或者说，他们缺乏主体意识。

他们认定 "如果对方不停止那样的行为，自己就会一直受苦"。这种情况，就等于放弃了自己的自控力。

所以，把对方当作 "不通人情" 的人来看待，这本身就是在帮助我们树立主体意识，找回自控力。

这和强迫自己 "忍耐" 是完全不同的，这是在发挥我们自己的力量。

通过选择看待事物的角度，就能使我们从无能为力的"被害者"角色中解脱出来，也可以让我们在处理一些问题时，避免一不小心陷入"被害者"角色。

比如，自己明明已经很累了，却还不得不听别人的抱怨，这时候就会不由自主地觉得"自己真倒霉"。

这种时候，脑海中就会弥漫着这样的声音："对方难道不会察言观色吗？""对方怎么不懂得替别人考虑？""为什么老是抱怨个没完没了？"

所有的这些情绪，都来自"如果对方不是现实中的这个样子就好了"的想法。

如果总是抱着这样的想法去看待对方，就只会给自己带来很大的压力。

前面已经说过，你的想法只要和现实发生冲突，就会给自己带来困扰。因为面对无法撼动的现实，无论怎么做，都难有胜算。

就像现在，对方把你当作发泄牢骚的垃圾桶，这个现实是无法改变的。

这种时候，为了摆脱"被害者"角色，你要做的是决定要不要听对方的抱怨。

为此，可以试着在思考中加入主体性的选择。

要仔细考虑和对方的关系、自己对对方性格的了解程度，再决定是否应该听对方发牢骚。

如果你觉得不要听对方的抱怨，那就找个合适的借口拒绝对方，从而避免陷入被当作发泄牢骚的垃圾桶这一"被害者"角色。

如果最后决定"还是听听比较好"，那就要设法把自己从被当作发泄牢骚的垃圾桶的"被害者"角色中解救出来。

毕竟一直听别人抱怨是一件很痛苦的事，尽管是自己决定的。这里，教大家一个方法。

这就是专注于"当下"的倾听法。

我称之为"零压力倾听法"。

如前所述，专注于"当下"，有助于消除不安。"当下"在这里仍然是非常重要的关键词。

在听对方说话的过程中，通常我们的脑海中会浮现出各种各样的想法。

- 为什么要说这种话呢？
- 为什么会有这种想法呢？
- 我到底要听他讲到什么时候？！

这样一边想着一边听对方说话，其实很累，就等于在听对方讲话的同时给自己施加压力。

因此，在这种情况下，最好将脑子里浮现出的各种想法暂且放在一边，集中精力听对方说话。这样的倾听方式会使自己轻松很多。

不去评价对方的话，只是单纯地倾听。

这样一来，原本"一直觉得很无聊的抱怨"，可能转变成"这个人其实也活得蛮努力"的共情感受。

如果你一开始主动选择"还是听听（牢骚）比较好"，那么就可以选择这种倾听方式。

如果你对自己说："像这样滔滔不绝发牢骚的人，有必要替他想那么多吗？又不是闲得没事做！"这说明你依然陷在"被害者"角色中。

不管对方怎样，对自己来说，主动选择没有压力的沟通方式才是最重要的。

实际上，如果安心倾听，对方抱怨的过程通常很快就会结束。

因为，当一个人发现别人愿意"接纳自己"的时候，心情会一下子安定下来。

当内心变得平和，产生"有人愿意听自己讲话"的成就感，也就没必要再不停地抱怨下去了，自然会心满意足地结束谈话。

上面说的这种思维方式也可以用于其他情况。

例如，某人把本不属于你的工作推给你的时候。

• 那明明就不是我分内的工作。
• 我刚制订好的工作计划又被打乱了。

你在心中一定会出现诸如此类"被害者"的想法。

如果勉强接受，一边心情焦躁，一边还不得不尽力完成，那么一旦有什么不顺利的事情发生，就会觉得自己"倒霉透顶"。

这种时候，可以试着主动出击，避免让自己陷入"被害者"角色。

首先，要考虑自己是否要接受这份分外的工作。

通常人的自然反应当然是拒绝，但是如果从所处职场的角度来整体考虑的话，是否接受这项工作就会有不同的答案。

一般来讲，"自主判断"或许让人觉得是一种"说不"的能力，但其实在实践中并非如此简单。

当全面平衡地考虑目前所面对的职场关系以及今后可能出现的局面，就完全可能选择"息事宁人"或"妥协退让"。

如果接下这项工作会使自己精疲力尽的话，那么"息事宁人"就未必是优先选项。"自身的健康"应该是首先要考虑的，这样才不会打破生活与工作之间的平衡。

但是，如果不是这样的话，那么选择"息事宁人"也不足为怪。毕竟谁都不希望自己的工作环境充满紧张的气氛。

一旦决定接受分外的工作，就努力选择最没有压力的工作方式做事吧。

那就是"专注于当下的工作"。

也就是说，这里的关键词依然是"当下"。

如果把工作看作"被迫接受的事情"，就无法集中精力做好"当下"的工作。而是整日愤愤不平："为什么自己非得承担别人的工作？！"

随之而来的，就是对职业的厌倦，每天一睁眼，莫名的疲劳感瞬间袭来。

因此，一旦把工作承担下来，心态就要从"被迫接下工作"，转为"自己主动接下工作"，这样就可以集中精力做好眼前的工作，不至于让工作给自己带来太大的压力。

读到这里，也许有人心里会想："为什么自己非得这么做不可？"

在此，我想强调的是，在每一个"当下"，最重要的是"如何给自己减压，让自己过得舒适"。而那份工作原本属于谁，已经不重要了。

自己为了顾全大局接受分外的工作，然后集中精力认真完成，下班时笑着对同事说一句："今天辛苦了！"……

愉快的心情源于自己没有被"把工作推给自己的人"所影响，还能自主果断地做出清醒的判断。

这种豁达的心态，更能提升自己在职场上的评价。

比起耿耿于怀于"为什么自己要负担分外的工作"而产生的焦躁，你觉得哪个更划算呢？

阻止对心灵的"非法侵入"

当我们在向别人倾诉"最近遇到了点麻烦，心情很糟糕"或者"阴坏的女上司总是针对我，好郁闷"的时候，其实只要对方说一句"你已经做得很好了啊，别往心里去"或者"她这个人心胸有些狭隘，先敬而远之吧"，自己就心满意足了。

可对方却向你说教："这件事你也有责任啊。""你心胸要开阔一点嘛，和女人较啥劲呢。"

或者冷淡地回应说："这种事谁都会遇到，可能你太敏感了吧。""还有比你更糟糕的人，知足吧。""人不为己，天诛地灭。她这么做是可以理解的。"

像这种信口开河、毫无同理心、随意下结论的人，现实中并不少见。

　　对方明明并不清楚你到底发生了什么事，却高高在上地对你"指点迷津"，这种做法可以说是对心灵的"非法侵入"。

　　为什么会出现这种情况呢？

　　因为很多人不擅长"倾听"。或者说，不擅长"单纯地听对方说话"。

　　有些人具有"帮助别人"的莫名责任感，无论听到什么都忍不住想"插手"，因此很难让他们相信，"只是单纯地听别人说话，就能帮助其减轻负担"。

　　也有人其实内心不愿意倾听，但是又不能不表态，或者不提供帮助会内心不安，于是就敷衍地安慰几句："没那么严重吧。""大度一点啦！"

　　不管是哪种情况，都是"倾听者"自己的问题。

　　如果能认识到这是"对方的问题"，我们就不会陷入"被害者"角色中了。

"未经他人苦，何能劝人善？"这不过是对方没有站在你的角度看待问题而已。

因此，为了防止今后遇到类似的情况，可以在一开始就告诉对方："你只要倾听就好。"或者："其实你不需要帮我解决问题，只要请听我说话，就算帮我很大忙了。"

当对方得知"原来自己只要倾听就好"，很多时候也会松一口气，这样彼此之间就能敞开心扉，坦诚以待。

如果对方还是先前那种说教或敷衍的态度，那就要认真考虑一下，这个人是否适合做自己倾诉的对象。

有时对方的回应会以建议的形式出现："如果你这样做或许更好些。"

当这种建议带有"你现在的状态不够好，应该改变一下了"这样的语感，这其实是一种真实意义上的否定。

被别人否定，其实就是内心遭到了"非法入侵"，难免心生排斥，对此感到焦躁是很正常的。

尤其是自己正背负着种种问题努力挣扎时，对方却说你做得不够好，这种"事与愿违"产生的焦躁，属于对"非法侵入"的一种自然的"防卫反应"。

当然，对方所说的话中，可能也有好的一面。这种时候，最折磨自己的就是："对方说的话也有道理，应该接受吗？""自己到了应该做出改变的时候了吗？"

这种情况下，应该等到"防卫反应"告一段落，冷静下来之后，再试着去思考要怎么做。

因为内心遭"非法侵入"引起"防卫反应"，所以即使对方说的话有道理，自己一下子也很难接受，那就坦然接受心怀消极情绪的自己吧。

只要做到这一点，即使心情烦躁，也能很快平复下来。

　　另外，如果对双方的关系有信心的话，你可以对他说："被你这么说，我感到很有压力。"

　　如果对方意识到他的话对你带来了困扰，并马上给予安慰的话，那么你们双方的关系反而变得更紧密。

　　如果对方不以为然，那么从现在开始就尽量和他保持距离吧。

　　因为如果双方走得太近，在别人眼里你们就是推心置腹、无话不谈的朋友，那么他对你的评价，别人就会深信不疑，由此会给你带来真正的伤害。

【第四章】

接纳『真实的自己』

与"真实的自己"建立连接

我们每个成年人心里偶尔会产生一种"孤家寡人般的寂寞感",伴随而来的一丝不安,让自己对未来心生迷惘。

这是无论到了多大年纪,都无法摆脱的一种情绪。

所谓"寂寞",就像是"心里开了个洞",让人无法回避它的存在。

在本章中,我将为大家介绍当寂寞在内心悄然滋长,并且造成干扰时,自己应用何种思维方法去应对。

通常来说,当自己感到寂寞的时候,总想找个人说话。

但是,当自己不是一个人的时候,就能远离寂寞吗？事实上，谁都知道，并非如此。

即使和某个人在一起，也觉得对方并不理解自己；或者几个人聚在一起，却感觉自己格格不入。

这种时候，甚至比一个人独处更感寂寞。

有时候甚至怀疑自己存在的意义。

• 是不是压根没有人需要自己？
• 自己的工作岗位，谁都可以取代吧？

凡此种种，都会增强寂寞感。

如果借用互联网词汇，寂寞，其实源于想要建立"外部链接"的心理诉求。

所以，"寂寞"二字，看似平常，却有着复杂的层面。

本章将带领大家体会各种各样寂寞的场景，从中我们可以发现一些共同点——

失去"外部链接"。

一说到"寂寞"，我们通常会联想到孤孤单单一个人，与外界没有交流。

其实，就像前面提到过的，即使和别人在一起，如果不能心灵相通，也就意味着与外界没有交流。

如果更进一步，找不到自己存在的价值，就会感觉自己被这个社会遗忘了，失去了"社会链接"。

当一个人十分寂寞的时候，可能会觉得如果没出生就好了，那就意味着此刻和整个世界暂时失联。

综上所述，寂寞从某种意义上体现着一种"与外界暂时失联"的心理状态。

结合前面提到的，那么，摆脱寂寞的关键在于——

重建"外部链接"。

看到这里，可能很多人会觉得"这不是理所当然的吗？""因为一个人真的很寂寞啊！"。

但是，我在这里要说的"链接"，并不是指与他人之间的肉眼可见的"连接（联系）"。

而是孤单一人时也能感受到的"链接"。

这就是"与自身的连接"。

不轻易地否定自己，不刻意地掩饰自己，不随意拿自己和别人比较，不在意别人的负面想法与不良情绪，忽略蝇营狗苟的"小人小事"，关注自己的"大人大事（如对家庭的奉献、对健康的呵护、对自身价值的完善）"，这就建立了"与自身的连接"。

总之，接纳"真实的自己"。

只有这样，和别人在一起的时候，"与他们是否连接"就不再是你的关注点。

因为你已经和真实的自己建立了连接。

当你和别人在一起，越说越觉得"他们不理解自己"，备感寂寞时，就是你还没有接纳真实的自己。

或者自己扮演了"老好人"的角色，隐藏了自己的真心。

这或许会让自己得到别人的好评，也能建立表面上的"链接"，但内心没有得到满足的寂寞，会更加强烈，甚至会问自己："这一切有意义吗？"

所以，如果想通过人际关系来消除寂寞，就最好避免无效的社交，和能接受自己真实状态的人在一起吧。

人生舒适的状态，其实就是身边聚集着愿意接受"真实的你"的人。

当我们真正在"做自己"的时候，就与"寂寞"

无缘了。

在工作中，我们可能都有过感到空虚的时候。

特别是加班到很晚一个人走在回家的路上，有时会感到一种莫名的寂寞。

• 现在的工作岗位，是否对别人有帮助？或许，根本没有人需要自己吧。
• 这样的工作，是否有意义？换个别人也能做吧。

这种情绪，是因为感受不到自己"存在"的价值，觉得自己被这个世界抛弃，也就是失去了与这个世界的"连接"。

这种时候，如果把关注点放在"自己对别人是否有帮助"上，就会感觉越来越寂寞。久而久之，就会认为"自己根本没有任何存在的意义"。

这种时候想要摆脱这种空虚的诀窍就是：专注于"当下"。

活在"当下"，我们所需要做的，就是不去思考"意义"和"目的"。

所谓"意义"和"目的"，是指未来的结果。

例如，对于自己的工作，如果一边进行，一边困惑于"这样做是否有意义""对别人是否有帮助"，那就说明你的目光并没有集中在"当下"。

当然，如果一心"想做比现在更能有助他人的工作""想做更有意义、更能体现自身价值的工作"，那么，为此更换跑道也无可非议。

但是，如果现在的状况，就是每天要完成该做的工作，那么，就不要去纠结于"现在做这件事的意义""对别人是否有帮助"，而是把注意力集中在"当下"的工作上。

努力以"最没有压力的方式"去工作就可以了。

或许有人觉得这只是对待空虚的自我安慰而已。

但是，人生的质量，是由你对"当下"的重视程度决定的。

只有"当下"的幸福和内心的满足，才是我们应该追求并能切身感受到的。

为什么而做并不重要，努力做好"当下"要完成的事情，才是最重要的。

所以，不在意什么"意义"和"目的"，只要认真地过好每一刻的"当下"，就会活得自由自在，忘记了时间的流逝，忘记了"空虚与寂寞"。

越是能够自由地活在"当下"的人，越能感受到幸福，这才是给未来的自己最好的礼物。

另外，在加班至深夜回家的路上突然感到寂寞的主要原因，其实是"疲惫"带来的空虚感。

或许你会觉得很意外，但疲惫和寂寞是有相当大的关联的。一旦感到疲惫，就很难专注于"当下"，也很难去建立"与自己的连接"。

　　如果在加班回家的路上感到空虚，不要把它理解为寂寞，而应该理解为"原来我已经这么累了"。

　　此时，我们需要的不是思考自己存在的意义，而是好好休息，为自己充电。

　　那就回家洗个澡，睡个好觉吧，第二天再精神抖擞地投入工作。

尽情享受独处的时光

生活中害怕"独处"的人不在少数。或许是因为独处容易让人感觉寂寞吧。

因为凡事不愿一个人，所以就总想找人陪伴。只要有人邀约，即使不喜欢对方，也不想拒绝。

在这种情况下，即使身边有人陪伴，也无法真正意义上排遣寂寞。

实际上，每个人对独处的理解并不一样。

由于性格和成长至今的生活环境的不同，独处时体会到的感觉因人而异。

对某些人来说，独处的时候感觉"寂寞得要死"，但对另一些人来说，独处是"生活中难得的宝贵时光"。

人对寂寞的感知程度，取决于他能否和真实的自己相处，所以"独处"并不等于"寂寞"。

在此，只是来探讨一下即使独处也不会感到寂寞的能力，我称为"孤独力"。

所谓"孤独力"，就是与"真实的自己"共处的能力。

这与"喜欢独处"的个人喜好无关，也不是倡导"要努力学会独处"。

不过，人毕竟不可能一天到晚都和别人在一起。缺乏"孤独力"的人，不能和真实的自己共处的人，即使和别人在一起，也无法建立和自己的连接，最终剩下的依然是寂寞。

请接着读下一节。

感知"突如其来的幸福"

每个人排遣寂寞的方式各有不同。

有的人明明不饿也拼命吃东西，有的人以疯狂购物来填补自己的空虚，还有的人酗酒打发时光。

对有些人来说，"工作依赖症（工作狂）"也是一种填补寂寞的行为方式。

但是，购物、喝酒、工作真的能填补空虚的心灵吗？答案当然是否定的。

这些行为给内心带来的都不是真正的满足，只能算是暂时的逃避而已。

逃避过后，寂寞感反而更加强烈。于是，便会寻求更多的逃避方式。

一旦对暂时的逃避形成依赖，就无法通过接纳真实的自己，得到内心的满足。

比如，为了填补寂寞而沉迷于购物，就会产生"没有××就会不安""只要拥有××就能满足"的错觉，陷入为了弥补"欠缺的自己"而追求物欲的陷阱中。

这种心态下买来的东西，由于不是出于真正的需要，也就无法与内心建立真实的连接，自然得不到珍惜。

工作也是如此。

如果能够做自己真正喜欢的工作，内心就会得到满足。

但如果是为了排遣寂寞而工作，那么工作就成为一种逃避行为，因而内心无法通过工作建立与外部世界的连接，体会不到工作的价值与成就感。

最后，只能拼命工作，把时间塞满，避免面对寂寞而手足无措。

　　这种做法，和为了填补寂寞而随时需要找人陪伴是一样的。

　　如果无法展现真实的自己，或者不能被接纳，那么无效的社交，最终陪伴自己的还是寂寞。

　　对"独处"过于在意的时候，就说明自己的目光没有聚焦于"当下"，没有和真实的自己产生连接，才会产生"形单影只"的寂寞感。

　　也就是说，寂寞这种情绪，是在提醒自己没有活在"当下"。

　　专注于某件事，完全放松，心情舒畅，这才是真正活在"当下"的感觉。

　　陪孩子度过一个周末午后的闲暇时光，与多时未见的老父小酌一杯，和爱人看一场午夜的电影等等，这些都是与真实的自己建立有效连接的途径，从而摆脱"独处"带来的寂寞不安，感知"突如其来的幸福"。

当你由此学会与自己的内心建立真实的连接，那么"独处"时就会很容易找到活在"当下"的幸福感觉。

比如，读一本一直想读却总是借口没时间读的书，为自己做一顿早就想尝试的美食，在小时候住过的老城游历一番，等等。

重要的不是"为何而做"，而是做好"当下"能做的事，这是摆脱寂寞的必要条件。

另外，寂寞感也源于我们太在意得失。

在只想着要得到什么的时候，满脑子充斥的自然是"自己所缺乏的东西"或者"内心未被满足的部分"。

由于内心得不到满足，所以就会感到空虚寂寞。

越是"求之不得"，越是想要"得到更多"，内心就会越发寂寞，感知不到身边点滴的幸福。

投入感情，为某人做点什么——改变你的心态。

　　因此，当你感到寂寞时，就要放下"未知的得失"，着眼于"当下的给予"。

　　比如，给很久没有联系的朋友留言，问他近况可好；不再需要的书，清理整洁后捐赠给慈善团体；做一天志愿者，照护需要帮助的人；等等。

　　即使打扫房间，也可以带着感谢的心情擦拭自己平时使用的东西。这样一来，打扫就不是单纯"为自己创造舒适的空间"，而是"表达对所居之所的感恩之情"。

　　就行为来说，同样都是打扫，只是把思维的角度从"得到"转向"给予"，心情就变得不同。

　　工作也是如此。一旦有了"为了得到"的目的，就意味着你在关注"未来的结果"。只有"给予"的时候，心完全在"当下"，就不会特别在意工作的"目的"，不会刻意描画工作的"意义"，只是认真做好眼前的工作。

　　这样，你的内心就容易得到满足。

从今天开始安度良宵

晚上，一个人在家的时候，或者睡觉之前的那段时光，是否莫名地感到寂寞？

这个时候，我们可能迫切地想有人陪伴，想找人说话，或者去社交平台发个帖子，希望得到回应。

这种寂寞感本身并不是什么问题。

也许有人会认为，白天真实的情感被抑制，晚上的情绪才是最真实的。

但实际上并非如此。人是有理性的生物。只有理性和情感达到平衡时的感受才是"最真实的"。

人的大脑经过一天的工作会变得疲劳，所以到了夜晚，大脑对情绪的掌控力就减弱，人容易变得敏感脆弱，对某人或某事表现得过于在意。

可以说，这是大脑疲劳导致的"敏感症"。

这个时候的解决方法非常简单，就是"睡觉"，让大脑好好地休息。

在前面我提到过，寂寞有时是疲惫的表现。感到疲惫的时候，意味着你的精力、体力下降，就容易感到空虚寂寞。

所以，不要对寂寞过于在意，不要对寂寞本身做过多的解读，只要意识到"啊，我累了"就可以了，然后想法让自己的身心得到充分的放松。

睡前，放松比释放能量更有效。众所周知，让身体兴奋的运动如果在深夜进行的话，反而会让自己更难以入睡。

瑜伽和伸展运动等需要集中精力，并配合呼吸的运动，能让心情很快平静下来，有助于较快地进入睡

"好好睡一觉"就能解决很多问题。

眠状态。

此外，使用添加洋甘菊或薰衣草等材料制成的眼罩、枕头也有助于安眠。

如果对中医感兴趣的话，可以对内关穴、神门穴进行按压或灸疗，也可以服用酸枣仁汉方制剂。

坦然面对"失去"

寂寞是一种近似于悲伤的感受，有时也在表达一种"失去"，或者不敢面对"失去"。

人生总免不了经历离别。亲人去世、孩子远行、失恋分手……和一起长期生活过的人分离，强烈的寂寞感往往会瞬间袭来。

这种时候，无论做什么都无法填补这份寂寞。

"再也不能像以前那样感到幸福了……"

人一旦失去了重要的东西，就必须经历"悲伤的过程"。

在这个过程中，不仅会悲伤，还会出现各种各样复杂的情感，比如强烈的寂寞感。

对比周围看起来很幸福的人，有时可能会超越"羡慕"的范畴，把自己看成另一个世界的人。

这其实是切断了内心与现实世界的连接。

生命中重要的人离开自己了，如果把目光只放在"他不在我身边了"这一点上，离别对心灵就会产生更大的冲击性。

如果把离别带来的"悲伤的过程"，定义为"自我疗愈的过程"，而不是着眼于"失去"，内心就会与现实世界建立真实的连接，而赋予离别新的意义。

如此，这个"悲伤的过程"，对于抚慰自己的心灵来说就是非常重要的阶段。

在这个阶段，需要通过不断审视自己的内心，才能踏实走过"自我疗愈"的心路历程。

如果不经过这个过程，就无法坦然接受"失去"，就会一直沉浸在过去相处的生活中，无法向"当下"

的自己敞开心扉，也无法做更适合"当下"自己的事情。

当生命中重要的人去世了，如果回忆过往，想到离开的人其实度过了充实而圆满的人生，那么生命的终点不过是到达另一个彼岸。

这样一来，就会感觉对方比活着的时候更亲近，重新发现对方存在于自己人生中的意义，给自己活在"当下"的勇气。

同样，失恋对人生来说也是一种巨大的离别体验，要经历"悲伤（自我疗愈）的过程"。

当然，回忆时的寂寞，在某种意义上可能会持续一生。但是，这与着眼于"失去"或不愿意接受"失去"带来的强烈的寂寞感是不同的。

认识到自己当下的心情是经历"悲伤（自我疗愈）"的自然结果，这样，寂寞就会减轻许多。

从宏大的意义上来说，这是保持自己和现实世界连接的一种方式。

它会让我们珍惜"自己现在拥有的东西"。

很多人很在意自己的年龄，一想到上了年纪就觉得失落。其实，这也是在表达一种"失去"，或者不敢面对"失去"。

他们将目光放在逐渐失去的青春和原本存在的种种可能性上。看到父母老了，也会感到失落，那是因为心目中大山一般存在的"强大的父母"怎么说老就老了……

但是，如果能意识到衰老是不可抗拒的，是每个人都要经历的"悲伤"过程，那么就不会用"年轻更好""父母永远强大"这样的视角去看待年龄的增长。

视野就会变得开阔，可以看到年龄之外的东西。

比如，父母最近迷上了树叶拼画，学会了烘焙，还特别喜欢使用空气炸锅；自己随着年龄的增长比以前更成熟了；等等。

看到这些，我们应该会意识到，在"变老"这件事上，其实"无论到多少岁都能持续地成长"。虽然身体机能下降，精神上的成长依然值得期待。

由此，我们就不会在意外在条件的变换，让内心变得更柔韧。

当我们和曾经关系很好的朋友久别重逢，再次相见可能有一种莫名的疏离感。这同样是因为我们在意友情的"失去"。

但是，由于各自的生活环境发生了变化，人与人之间的关系也随之发生变化，这是很正常的，也可以说是各自成长的结果。

不在意"好朋友应该永远保持亲密"的想法，就能理解在不同环境中努力生活的对方，并给予祝福。

正因为坦然面对或者接受"失去"，才会珍惜"当下"自己的生活、和父母的日常相处以及难得的友情。

这样就能接纳真实的自己，防止"过于在意"的心理活动，让你无论何时都可以最大限度地保持从容淡定的心态。

【第五章】

『随便一点』又何妨

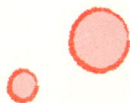

总想保持"好脸色"，哪能不累

你是否曾在聚会后的归途中暗自懊恼："要是没说那种话就好了。""不知道别人会怎么看我？"由此而变得心情低落？

我们经常会因在意这样一些小事而情绪波动。

当然，如果真的说了"不该说的话"，那还有情可原，但实际上很多情况并非如此。

恋爱时总是很在意"对方如何看自己"，这是很自然的。即便是愉快的聚会，很在意自己言行的人也不在少数。

约会或聚会后变得闷闷不乐，主要有两种情况。

一是情绪的高低起伏。

人的情绪会随着环境的变化而发生起伏。约会或聚会等气氛热烈的场合，情绪自然会比平时高涨。

之后一个人独处，情绪就会随之低落。

人在兴奋的时候，容易说出平时不会说出口的话。事后后悔的发生概率会随之提高。

这种现象，我称之为"情绪的违和感"。

情绪低落的时候，可以和家人一起聊聊天，或者看看书，在时间的流逝中等待心情自然平复。没必要让自己的情绪被这种热闹过后产生的违和感所影响。

只要理解"啊，之前一直很兴奋，现在情绪低落了"，就足够了。

因此，如果平时发现自己的情绪起伏较大，就要学会控制兴奋点。即使在热闹的场合，也不要过于兴奋，这样，就会减轻事后出现的情绪落差。

二是紧张过后的疲惫感。

和别人相处时，如果总是摆出一副"好脸色"取
悦对方，内心就会处于紧张的状态，事后往往感到疲
惫。

比如男女约会时，如果始终抱着"想给对方留下
好印象"的想法，就可能让自己一直处于紧张的情绪
中。这样当约会结束一个人独处时，疲倦感就会涌上
心头。

疲倦和消沉如影随形，所以当身心疲倦的时候，
心情就会变得灰暗，就会越发在意自己过往的言行，
进而让自己变得焦虑不安。

如果能理解这一点，那么，这个时候我们所要
做的就是好好休息，不要让自己陷入情绪疲倦中。

此外，在与人相处时，如果能无拘无束，就不会
产生情绪起伏的情况。也就是说，与对方相处之后产

生的情绪落差，是在提醒：你在与对方相处时隐藏了
"真实的自己"。

　　能自在地做自己，是一件幸福的事情。能找到愿
意与真实的自己共度一生的伴侣，是人生最有价值的
事情。

　　如果担心"展现真实的自己可能会被对方讨厌"，
那么就要反思：对方是否值得你交往？

安慰"今天不努力"的自己

很多时候，我们对没能做到的事情很在意。

比如，本来计划着洗衣服、整理房间、煮饭，却因为"累得不小心睡着了"，结果啥也没做，为此而懊恼不已。

又或者本来计划周五完成工作提案，晚上陪女友去听音乐会，度过一个浪漫的周末，却因为一个小小的失误，不得不加班到深夜，为此深感自责。

没有做到就是没有做到，这是必须承认的事实。

不接受事实，"抗拒"事实，带来的最大问题是把自己困在原地，无法前进。

过于在意没能做到的事情时，就会让自己陷入

"我什么也做不好""我只是不够努力"的自责里。

计划要做的事情没有完成，意味着失去了"本可以实现的未来"。

就像前面提到的那样，这还是把目光放在了"未来的结果"。

因此，如果我们把目光放在"当下"，就会安慰"不努力的自己"其实已经"尽自己所能"。

如此，就不会因为"累得睡着了没有完成计划"之类的事情而懊恼不已，也不会陷入无法前进的情绪沼泽中。

尽自己所能就好，这是我们活在"当下"的动力。

订立"今天我最重要"的日子

"临下班的时候被要求分担本不属于自己的工作，又没有勇气拒绝，只好接受，真够倒霉的！"

这样的事情如果经常发生，我们不仅会感到身心疲倦，还会为没能做自己想做的事而懊恼。

后悔"当初不接受这份工作就好了"，其实是在责备自己"为什么要接受这份工作？！"。

一般来说，当不断地责问自己"为什么"时，其实这是对现实的否定，阻碍"当下"正向的思考和行动的动力。

既然我们接受了额外的工作，意味着自己的时间就要被侵食，那就不要再责备本应受到安慰的自己了，而是应该想想如何尽快结束工作止损吧。

　　如此，我们就不会因纠结于"为什么要接受这份工作"去在意"自己真够倒霉的"，而是对自己说："没能做自己想做的事，真遗憾。"

　　事后，我们就会认真地考虑："今后要学会珍惜自己吧。"

　　没有勇气拒绝下班时被要求分担工作的事件，如果反复发生，会给对方造成一种"这个人会随时接受工作"的印象。这是一个潜在的情绪沼泽，需要注意。

　　为此，我们可以试着设定一个"今天一定要照约定时间回家"的日子。

　　在这一天，如果有人要求你加班分担工作，你就可以坦坦荡荡地说："对不起，今晚上我已有安排了。"

　　如果你认为"已有安排了"的话，说出来像是在说谎，那就说明你还是在意"未来的结果"，而没有关注"当下的自己"。

就是说，信与不信那是关乎别人的"未来的结果"，而"当下"我们要做的就是活出"真实的自己"。

在意别人的眼光，忽略自己的内心，会消磨我们活在"当下"的勇气。

不要"正面"迎接对方的攻击

在众人面前被无端地责备或莫名其妙地当"背锅侠",自然会心中恼怒。

如果这样的事接二连三地发生,就会对此耿耿于怀,变得对别人的意见或建议特别在意,情绪无法保持稳定。

当你无法整理好自己的心情时,往往是因为你没搞清楚"到底发生了什么"。

如果是自己的原因招致对方的责备,那就让自己经历一个"悲伤的过程"吧。然后放下包袱,把这件事作为自我成长的契机。

如果不是自己的责任,或者说尽管自己也有责任,但是遭受的攻击和指责却超过了常理,那么这个时候你感到难以接受，情绪变得具有反抗性，其实是很正常的。

让自己感到"难以接受"的事情，都具有攻击性，所以会产生防卫性的反应，包括身体上的和心理上的。

这里，我想提醒大家的是，本书中曾提到"喜欢指责别人的人往往是心理有状况的人"。即使他的说法很有道理，但如果说话方式过于情绪化，那就是他在向别人发泄自己的情绪垃圾。

试想一下，如果有人犯了类似的错误，你会这么说吗？如此就能明白对方当时是多么的情绪化了。

在对他人进行评价时，通常体现在"行为"和"人格"两个层面。这两者是不能混为一谈的。

对行为做出客观的判断，不要否定人格，这是基本的评价原则。

当对方对你的责备，让自己感到"人格受到了攻击"时，这说明对方混淆了"行为"和"人格"，也说明他内心正在遭受"困惑和恐慌"。

在这种情况下，无论他表达的内容多么一针见血，只要其表现形式带有人格攻击性，就没有必要全盘接受，也不要试图去迎接这种攻击，做出防卫性的情绪反应。

承认自身有需要改进的地方，试着用"话说得那么难听，他心理上一定出现了问题"这样的眼光去看待他吧。只要明白这是"对方的困扰"，不是单纯针对你就可以了。

至于对方的困扰及其原因，与你无关。

如果把对方否定人格的表达方式都当成自己的责任，把对方的情绪垃圾都收罗到自己怀里的话，这就如同替他硬吞下根本无法消化的东西一样，难受的只有自己。

【第六章】

一切都刚刚好

内心的平和最重要

人生的目标不同，生活方式就会有很大的差异。

如果把追逐名利作为人生唯一的目标，就难免要说一些言不由衷的话，无法保持"内心的平和"。

通常认为，德高望重的贤达之士，常怀平和之心。

他们往往能够接纳真实的自己，不勉强自己与现实做无效的抗争，也能接受他人的不完美，不做无谓的争论，自在地活在"当下"。

分散在本书各篇章中的许多观点，其实都与追求内心的平和息息相关。

当内心平和，我们就能最大限度地发挥自身的潜能，与自己、他人以及世界建立连接。

在现实中，我们常常会遇到是追求"内心的平和"，还是坚持"自我的正确"的问题。

其实这两者并不对立。

每个人都有自己的问题和状况，对所谓"正确"的理解自然未必相同。

如果强迫别人接受自己认定的"正确"，就会遭到对方的防卫性反应。反之亦然。

总之，双方都无法实现内心的平和。

因此，当别人高高在上，对你的工作指手画脚，让你无所适从，不知道该如何行动的时候，首先考虑如何让自己的内心保持平和吧。

这就是不做与对方"拔河"的尝试。否则，就会陷入孰对孰错的泥潭中。

如果双方判断对错的标准已然不同，无谓的争论只能让自己越发在意自己的言行，无法保持内心的平和。

下一次，碰到高高在上、自以为是的人怎么办？请记住，很简单，不做无谓的争论，保持一点钝感，让他继续在高处待着好了。相信总有一天他会尝到从高处跌落的滋味。

就像一个玩笑段子讲的——问："在地里遇到'小傻瓜'挡路怎么办？"答："给它浇水，把它培养成'大傻瓜'！"

但这个"未来的结果"如何与你无关，你只需保持内心的平和，更好地活在"当下"。

每件事都可能是学习的机会

在这个世界上，有很多事情是我们单凭一己之力无法改变的，尽管有谋求改变的强烈愿望。

比如，社会问题、环境问题，甚至与我们日常切身相关的职场问题、家庭问题等等。

这种时候，如果我们被"无所作为"的无力感所束缚，就可能感到绝望，觉得自己非常渺小，进而产生"我什么都做不好"的沮丧情绪。

当我们太想改变一件事情，往往就会特别在意自己的每一次行动，陷入"成王败寇"的思维定式，无法保持内心的平和。

如果我们把每件事都当成一次学习的机会，那么思维方式自然会发生改变。

　　自己的每一次行动，就会成为你宝贵的经验，在不经意间，化作螺旋式上升的每一道人生阶梯。

放慢脚步，看看人生的风景

无论从事什么样的工作，如果身不由己的感觉愈发强烈的话，就是到了该放慢脚步，找回自我的时候了。

人，最可怜的事情是迷失自我。

当然，在刚踏入社会的时候，因为处于不断学习、累积经验的阶段，难免出现做事不顺或力不从心的情况。同时，因分担别人的工作而影响个人生活的事情也会经常发生。

如果你能认识到这是一个人生阶段必经的过程，那么就会从活在"当下"的视角看待它，从而保持内心的平和，不会在意"当下的得失"与"未来的结果"。

如果无时无刻都带着"被强迫的感觉"，叹息"没有自己的时间",整日忧心忡忡,惶惶不安,那就说明,你已经迷失自我,窘困于人事纷扰中。

在这样的时候,为自己泡一杯香茶吧。当时间的脚步慢下来,你会发现人生的风景,就存在于真我的世界中。

或者,买一束花来装饰自己的房间,又或者把房间的家具重新布置一遍。

还可以给多年未联系的朋友打个电话,哪怕只说上五六分钟。

总之,不管做什么,只要你觉得"我是按照自己的想法去做的"就可以了。

通过这样的"练习",自觉拥抱人生的每一刻"余暇",逐渐累积成人生巨大的能量,从而帮助你迈出自主掌控人生的第一步。

你会逐渐摆脱世事的纷扰,活出真我的风采。

慢慢品尝为"自己"泡的茶。

不在意的勇气

　　最后，我想说的是，每个人都有一颗强大而柔韧的心。

　　我们有能力做一个让自己感到安心，也能让别人感到安心的人。

　　只是太过在意的封印束缚住了我们的心灵之窗。

　　只要我们学会接纳真实的自我，就有勇气解脱束缚，释放活在"当下"的力量。

　　人事纷扰，我们需要保持一点钝感，拥有不在意的勇气。如此，我们的内心才不会被世间的尘事侵扰，变得更丰盈。